爱的烛光

——与中学生的谈话

◎马金建 著

济南出版社

让烛光照亮心灵

——写在前面

"经师易做,人师难为"。"人师"就是将"人的培育"作为精神追求的老师。本书作者在几十年教育生涯中,始终把成为"人师"作为奋斗的目标,努力使自己成为学生人生的导师。

如何做"人师"?就是要为学生燃亮点点烛光,将学生带到光亮的地方。长期以来,本书作者在努力做"人师"的历程中,始终坚持以人为本,把促进学生健康成长作为工作的原动力,积极与学生交朋友,热心与学生面对面交流,在学生成长道路上,点燃心灵烛光,引导学生思想,指导学生生活,辅导学生学习,疏导学生心理,并将实践与感悟整理成文,奉献给学生、同仁和家长们。

这本书首先是献给高中学生的。书中有对高中学生为人处事、道德文明、伦理修养的教育,有对学生习惯养成、品质发展、自我教育的指导,有对学生偏激、嫉妒、冲动等不良行为的校正,有对学习方法、考试方法的校止,涉及到信心、生命、目标、诚信、勤俭、思维、合作、规范、细节、诱惑、选择等近百个话题,几乎解答了高中三年学生可能遇到的各种问题。

这本书也是献给每一位具有"人师"情怀的老师的。党的十八大报告中把"立德树人"确立为教育的根本任务,为实现这一根本任务,每位教师都应坚守育人第一、教书第二的理念,做到先育人再教书,既教书又育人。而本书中的育人心得和案例,可以成为老师们育人实践的参考素材。

这本书对家长教育孩子也有一定的指导意义。书中的某些篇目联系到了高中学生的生理、心理特点,涉及家庭教育问题,相信对家长教育孩子会起到积极的作用。

雅斯贝尔斯曾说:“教育的本质意味着一棵树摇动另一棵树,一朵云推动另一朵云,一个灵魂唤醒另一个灵魂。”本书作者力求通过此书,以心导心,以爱育爱,用精神哺育精神,用文明教化文明,用思想影响思想,用思维激活思维,用智慧开启智慧,用成长引领成长。

唯愿此书能燃亮点点烛光,照亮学生的心灵,照亮学生的前程。

目　录

◎战胜自己是最大的胜利

◎修成金刚不倒之身

◎ 点亮前行的灯

上好高中第一课

选择了高中，也就意味着选择了竞争。面对高手如云的学习环境，谁先适应了谁就是强者。

同学们肩负着家长嘱托、学校厚望、社会期待升入高中，将在高中度过三年时光，开始人生最关键、最有价值的冲刺。高中生活直接决定我们人生的高度和品位，决定我们的前途和命运。那么，高中生活应当如何起步？我的建议是：上好第一课。那么，第一课的内容是什么？

一、树立高中生意识，尽快完成初高中角色转变

高中和初中的生活有许多不同之处，我们一定要了解高中阶段的学习特点。初中学习方式以模仿和记忆为主，而高中阶段学科和知识交叉多、综合性强，以理解和应用为主，这就要求同学们要有更强的分析、概括、综合、实践的能力。具体表现在三个方面：

一是随着年龄的增长，同学们生理和心理逐渐发展，初中时期完全依赖于老师和家长的思想将逐渐被打破。在这个阶段中，同学们一方面希望完全摆脱家长和老师的控制，另一方面又经常表现出学习、生活上的不能自控。二是初中和高中老师的教学方法和管理方法不同。初中老师经常是“保姆式”的包办代替，同学们的一切事情都由老师一手操办，同学们很少有发挥主观能动性的机会。在高中阶段，老师更多的是让同学们自我管理，自主发展。三是高中的学习内容、科目发生了明显变化。高中阶段学习的科目更多了，内容更深了，同学们的学习任务更重了，而且将出现几门和旧知识联系较少的科目。因此，同学们必须时刻提醒自己是一名高中生，并依此不断进行自我调整，尽快促成自己角色的转换，为适应高中阶段的学习生活奠定基础。

二、尽快适应高中的新环境，努力做学习和生活的强者

来到了新的学校、新的班级，看到的不再是自己熟悉的校园、校舍；看到的不再是朝夕相伴的同伴，而是一张张陌生的面孔。人生地不熟，在感到新鲜的同时，会产生紧张、不安的心理。因此，对在新环境中将出现的各种现象和问题，要有足够的认识，做到思想上重视，心理上有所准备。要学会安排自己的生活，学会安排自己的时间，自行解决更多生活上的事情，不断提高自理能力，希望大家做好两件事。

第一件事：在学校开展的“三自五认”活动中拜好师，交好友。

不管你是成熟的还是幼稚的，生活在一个群体中，人与人的交往是不可回避的。只有以开放的、包容的心胸去了解他人，才能找到生活的乐趣和归属。从大量心理咨询的案例来看，高一新生最大的心理困惑是“人际交往问题”。在一个新环境中，如果快乐有人分享，痛苦有人分担，遇到再大的困难与障碍，我们都

会有信心与勇气去面对。所以，同学们要通过学校开展的“三自五认”活动，尽快找到自己的良师益友。

第二件事：遇到困难，不要一味地抱怨。

在和同学们交谈中，有同学抱怨，高中老师讲得太快，知识密度、难度都太大，自己无所适从。也有同学抱怨，书本上印的与课堂上讲的不一样，作业中练的与试卷中考的不一样，感觉“云里雾里”，不知所措。高中阶段在学习内容的深广度、学习方法的灵活性、学习形式的多元化、学习能力的综合性等方面，确实比初中有了更高要求和更深探究，遇到各种各样的困难和挫折不可避免。对新环境一时不适应，这并不可怕，可怕的是在适应新环境的过程中失去信心，进而放弃努力。事实上，绝大部分新生经过一个学期的适应，都能逐步找到高中学习、生活的规律。当发现自己有学习困难时，当感觉自己有心理困惑时，不要先想到抱怨和牢骚，而是要相信自己，一定能迈过这道坎；要相信老师，一定可以帮助你尽快摆脱困境进入良好的适应状态。选择了高中，也就意味着选择了竞争。面对高手如云的学习环境，谁先适应了谁就是强者。

三、调整好心态，给自己正确定位

升入高一，同学们将要面对更概括、更抽象、更难于理解的课程学习，要面对更激烈、更紧张的竞争环境，要面对更长的在校时间。这都要求同学们要树立起一种学习意识、高考意识，要做好承受压力、经受挫折、忍耐寂寞的心理准备。很多人可能会有这样的心理落差，比自己成绩优秀的人大有人在，很少有人注意到自己的存在，这都是正常心理。请同学们记住，现在大家其实是站在同一起跑线上，你有三年的时间追赶、超越。因此，我们要客观分析自己的长处和短处，给予自己正确的评价，并激励自己不断向心中的目标前进。我们学校有很多社团活动，还建立了一些休闲娱乐的艺术吧，希望同学们在学习之余，积极参加学校的各项活动，充分发挥自身特长，你身上总有一份才艺会让你光彩夺目。希望大家在快乐中高效学习，在学习中享受快乐。

四、培养良好的习惯，学会生活和学习

1．养成珍惜时间的习惯

高中的学习，课程多、时间紧，这就要求同学们学习要有计划性，要定出各个学科、各个时段的学习计划，争取最大限度地利用时间。古今中外，一切在事业上有成就的人，总是比一般人更珍惜时间。著名文学家鲁迅先生的成功，有一个重要的秘诀，就是珍惜时间。鲁迅先生几乎每天都在挤时间。他说过："时间，就像海绵里的水，只要你挤，总是有的。"鲁迅读书的兴趣十分广泛，又喜欢写作，他对于民间艺术，特别是传说、绘画，都非常爱好。正因为他广泛涉猎，多方面学习，所以时间对他来说，非常重要。他一生多病，工作条件和生活环境都不好，但他每天都要工作到深夜。著名发明家爱迪生常对助手说："人生太短暂了，要多想办法，用极少的时间办更多的事情。"正因为他的勤奋、执着，才成为举世闻名的大发明家。同学们，这些事例告诉我们，只有珍惜时间，才能够实现自己的远大理想。

2．养成全神贯注、持之以恒的习惯

同学们听说过会移动的黑板的故事吗？大科学家安培经常边走路边思考问题。有一次，他走在大街上，正在思考一个问题的时候，忽然看到前面有一块黑板（一辆马车车厢的后壁），于是他便从口袋里掏出粉笔，在黑板上认真地演算起来，算着算着黑板开始移动，于是他也跟着移动，后来黑板移动得越来越快，他实在跟不上了，望着渐渐远去的马车，遗憾地说："可惜我还没有算完。"其实我们的学习要的不就是这种全神贯注的品质吗？毛主席当年求学的自勉联"贵有恒，何必三更睡五更眠；最无益，莫过一日曝十日寒"，就是他在学习上持之以恒的写照。

3．养成自主学习和思维的习惯

较之初中阶段，高中阶段学习难度、强度加大，学习负担及压力明显加重，不能再依赖初中时期老师"填鸭式"的授课，"看管式"的自习，"命令式"的作业，要逐步培养自己主动获取知识、巩固知识的能力，养成自主学习、总结方法的好习惯。进入高中学习，课程及老师的授课方式及要求都发生了很大变化，初中学习方式以模仿和记忆为主，而高中则是以理解和应用为主，这就要求同学们要有更强的分析、概括、综合、实践的能力，将基本概念、原理消化吸收，变成自己的东西。而要想提高学习效率，决不可盲目随波逐流，要比较，要思考，要探索。

4．养成阅读、质疑和总结归纳的习惯

"读书破万卷，下笔如有神"，我们要不断地扩大自己的知识面，开阔视野，就要加大阅读量，并做好读书笔记。高中的知识比初中知识难度加深，不易理解，学习上会遇到许多困难，因此同学们要大胆质疑，虚心向老师或同学请教。对每一个阶段的知识和学习，我们要及时进行归纳，总结出适合自己的方法，才能不断提高。

五、树立远大理想，成就自己，奉献社会

人应该有理想，没有理想，就如同汽车没有了方向盘。我们学校竖立着一座周恩来的雕像，这是对总理的缅怀，更是对伟人精神的敬仰。周总理少年时期就立下了“为中华之崛起而读书”的雄心壮志，后来他成为了我国伟大的无产阶级革命家。学校的一个很重要的任务就是为高校输送更多更好的人才，为社会培养高素质的公民。这个任务里面包含了许许多多的含义，它不仅是父母的希望、老师的希望，也是我们自己的理想，更是国家的需要。我们不仅肩负着家庭和学校的期望，还肩负着历史和国家的重任，希望大家做一个负责任的人，树立起远大的理想，并努力实现它！当然，远大的理想还要靠突破一个一个近期目标来实现，只有这样，我们才会永远有成功的喜悦，永远不会迷失方向。

“雄关漫道真如铁，而今迈步从头越”。新的学年，新的起点，让我们鼓起理想之帆，划动前进之桨，乘风破浪，向着胜利的彼岸进发！

科学制订目标

目标让我们明白，在什么时间干什么事，在什么时间干成什么事。起点不重要，重要的是明白自己该往何处去，该往哪里走。

新学期开始了，每位同学都要规划一下自己的生活和学习，科学制订目标是你首先应当做好的一件大事。有句话很流行：“只要心中有目标，整个世界都会为你让路。”还有人说：“成功者之所以成功是因为他锁定了目标。追求什么，就能得到什么，关注哪里就能到达哪里。”目标是方向，是指引我们前行的明灯。目标让我们认清使命，产生动力。目标让我们明白，在什么时间干什么事，在什么时间干成什么事。起点不重要，重要的是明白自己该往何处去，该往哪里走。因此，开学伊始，同学们一定要明白地告诉自己这学期进步多少，怎样进步。那么，如何制订目标？

一、从七个方面制订自己的新学期目标

1. 品行目标

儒家讲，人要“修身、齐家、治国、平天下”，许多教育家呼吁学生要“先成人，后成才”。教育的本质是培养人的，“培养真正的人”是教育的永恒追求。在新的学期中，每位同学都要对照《中学生守则》提升自己的道德水准，修炼自己的内心和行为，让自己成为一名遵规守纪、讲究社会公德的中学生。因此，你要成为一个什么样的人，是你认真思索和修炼的人生大课题。

2．学习目标

我在学习上有什么追求，心中理想的大学是哪个，我怎样获取学习的进步，我追赶哪个同学，我有什么样的具体可行的学习计划，我选择哪些课程……这都需要认真思考和选择。

3．社团目标

我的爱好是什么，我的特长是什么，我怎样拓展自己的兴趣、发挥自己的特长，我参加哪些社团，我在社团中怎样作为，我通过社团活动得到什么，怎样得到……都要将自己的发展规划写出来。

4．生活目标

要讲究卫生，勤洗头洗脚，整理好内务；要调节饮食，少吃零食，远离有害食品；要按时作息，不开夜车；要衣着整洁，不理怪发型，不染发烫发，不穿奇装异服，不佩戴首饰；不随地吐痰，不乱扔垃圾；严格遵守《中学生守则》。

5．锻炼目标

要有一项体育爱好，要坚持做到每天锻炼一小时，要积极出操，上好体育课，树立“健康工作五十年，幸福生活一辈子”的锻炼理念，拥有健康的体魄和充沛的学习精力。

6．交往目标

要积极参与学校开展的认亲活动，寻找自己的最佳成长伙伴，与之成为相亲相爱的一家人。要在人际交往中学会和别人打交道，学会交朋友；学会解决纠纷、解决矛盾，学会忍让宽容，学会喜欢别人和被别人喜欢。

7. 服务目标

遵循“我为人人，人人为我”的共生原则，积极参与学校管理和学生会、学促会工作，积极参与班级事务，坚定为他人服务的成长宗旨，在为他人服务中感悟人生，在感悟人生中健康成长。

二、制订目标应注意的几个问题

1. 目标期望适当

要符合“跳一跳，摘桃子”的要求，目标不能定得太高或太低。杰克·韦尔奇说：“人生最完美的状态，是一直有着跳起来够得着的目标。”从这个意义上讲，建议同学们每个时间段只追赶你前面的距离你最近的一二个同学。

2. 目标适度集中

要在一定时间内锁定目标，集中实现一个目标，不能贪多求滥，四面出击。有个故事是这样的：一天，父亲与三个儿子到草原打猎，父亲问三个儿子：“你们看到了什么？”老大说：“我看到了猎枪、草原和奔跑的野鹿。”父亲摇摇头，叹了口气。老二说：“我看到了父亲、大哥、三弟，还有大哥看到的一切。”父亲又摇摇了头，还是叹了口气。老三说：“父亲，我只看到了奔跑的野鹿。”父亲这才高兴地点了点头。父亲为什么只对老三的话表示了肯定？因为在老三的眼中只有打猎这唯一一个目标，其他目标都视而不见。如果目标分散，眼睛不只盯在猎物上，而且还盯在其他各个目标上，能打到猎物吗？所以，我们定目标时一定要具体，一定要实在，一定要有作用。

3. 目标要有层次

一天有一天的目标，一周有一周的目标，一月有一月的目标，一个学期有一个学期的目标，一个学年有一个学年的目标，高中三年有三年的目标，一生有一生的目标。就这样，通过一个个小目标的实现，最终实现人生大目标。

4. 目标要有约束

一是用量度约束，要具体可数，用数据说话；二是用时间约束，定下期限，限时完成；三是用方向约束，即做什么事，必须十分明确。

在正确的时间干正确的事

无数学习成功的同学，早已经以自己的经历验证了一个成功的法宝，那就是：有序合理地计划，自觉主动地学习。换句话说，就是清楚自己在什么时间干什么事，在正确的时间做正确的事。

俗话说："凡事预则立，不预则废。""预"，就是打算，就是计划。学习需要计划，没有计划，你不知从什么时间行动，从哪个地方起程，不知道走向哪里，不知道目标究竟在何方。

我们中的许多同学不注重制订计划。有的学习时随心所欲，漫无目标；有的"兵来将挡，水来土掩"，手忙脚乱，疲于应付；有的得过且过，"当一天和尚撞一天钟"，"熬天混日头"；有的一曝十寒，"三日打鱼，两日晒网"；有的只有想法，没有行动，计划定了，却成了一纸空文，充当了"语言的巨人，行动的矮子"……凡此种种，是部分同学成绩不理想的重要原因。

其实，无数学习成功的同学，早已经以自己的经历验证了一个成功的法宝，那就是：有序合理地计划，自觉主动地学习。换句话说，就是清楚自己在什么时间干什么事，在正确的时间做正确的事。

计划，有每天的计划，每周的计划；有学期计划，学年计划；有在校的计划，有假期的计划。有学习计划、活动计划、锻炼计划，根据需要可以制订各种各样的计划。河北石家庄第二中学的贾莫昊同学，以695分的成绩被清华大学录取，人们打开他高三时的课桌，发现一叠厚厚的学习计划。原来，他每天、每周都给自己做了具体细致的时间安排。这些计划，通常都不是以小时为单位计算的，而是以分钟为单位计算的。更难能可贵的是，从来没有老师或家长要求他这样做，而是他内心的求知欲和对效率的最高追求，使得他一直坚持制订计划，有序地分配自己的时间。

除了一般的计划外，还要针对自己的学习实际，制订一些特殊的计划。有的同学，有学科特长，可以制订学科奥赛或其他比赛的准备计划；有的同学学科水平不平衡，针对薄弱学科或弱项、弱点，特别制订纠偏的学习计划；有的同学运算能力差，可以制订单独的训练计划；有的同学学有余力，准备参加自主招生，可以制订特长发展计划或自主招生考试计划等等。近几年，我省规范办学行为以来，同学们的自主学习时间多了，假期正常过了，从某种意义上讲，高考的竞争不只是在校内，而是已经延伸到了校外，放弃了自主学习时间和假期，等于放弃了与别人竞争的主动权。所以，建议同学们假期要适当学习，尽量做到“放假不放学”，这就需要制订一份全面的假期学习计划。

计划的有效性体现在落实上，落实在行动上。计划制订得再好，不按计划去做，就如同没有计划。因此，要有督促自己按计划办事的约束内容，怎样检查计划的落实，完不成计划怎么办，力避制订计划走过场，落实计划放空枪。

管理好自己的目标

心中装着一个大目标，然后将大目标分解开来成为一个个小目标，通过实现一个个小目标，最终走向成功的顶峰。

有了目标，如果不用心管理，不踏实践行，就是一纸空文，毫无作用可言。如何管理目标?

一、让目标视觉化

2013 年考入清华大学的安徽籍考生吴海涛同学介绍自己的经验时说："一定要制订学习目标，学习目标要张贴到你随时看到的地方，时刻让目标引领你，激励你。"许多班级学习目标上墙，作用也在于此。

二、把大目标分解成小目标

1984 年，在东京国际马拉松邀请赛上，名不见经传的日本选手山田本一出人意料地夺得了世界冠军。意大利国际马拉松邀请赛在意大利北部城市米兰举行，山田本一代表日本队参加比赛，这一次，他又获得了世界冠军。为什么会有如此的成功？他在自传中说，每次比赛之前，他都要乘车把比赛的线路看一遍，并把沿途比较醒目的标志画下来，比如第一个目标是一家银行，第二个目标是一棵大树，第三个目标是一座红房子……这样一直画到赛程的终点。比赛开始后，他就以百米冲刺的速度奋力地向第一个目标跑去，等到了第一个目标后，他又以同样的速度向第二个目标冲去……40 多公里的赛程，就被他分解成这么几个小目标而轻松地跑完了。这个故事告诉了我们分段实现大目标的智慧，确立一些看得见的短期目标的确有利于激发自己，而每一次实现目标又实实在在地激励了自己。我们应当从山田本一身上学到分解大目标、规划眼前目标的智慧。

无独有偶。南极探险家科斯特在日记中记述了这样一种情形：有一天晚上，我离南极还有 150 公里，可是我感觉我快要死了，我再也到不了南极了。痛苦，绝望，怎么办？想来想去，还是把目标切割开来，一天走 20 公里，坚持走下去。第二天，我开始重新制订目标，管理目标，要求自己一天只走完 20 公里。结果第一天走了 25 公里。就在这一天天完成一个个小目标的喜悦当中，5 天后，我胜利地到达了南极，完成了 150 公里的体力、精力和意志上的极限挑战。

成功的人都是像山田本一和科斯特这样，心中装着一个大目标，然后将大目标分解开来成为一个个小目标，通过实现一个个小目标，最终走向成功的顶峰。

三、天天管理目标

要养成天天整理目标、约束目标、反思目标的习惯，每天睡觉前问一问自己：今天的计划完成得怎么样？今天的目标实现了吗？坚持做到“今日事今日毕”，“当天的目标当天实现”。

四、贵在坚持

在实现目标的进程中，不可能一马平川，一路顺风，遇到困难怎么办？答案是：咬紧牙关挺过去。哲人说："世界上再也没有比坚持更伟大的力量了。"无数事实证明，"坚持到底，就是胜利"。清华大学的李军同学谈起追求人生的目标时说过这么一段包含深意的话："人世间没有一条通向成功的道路是铺满鲜花的，一般都是荆棘丛生，困难重重。在朝目标奔跑时，要时刻准备多吃苦，多受累，迎接一切挑战。"因此，我要求同学们，咬住目标，坚持不怠，朝着自己的目标前进、前进、前进……

高中早规划

取得成绩不骄傲，遇到挫折不气馁，勤奋刻苦，持之以恒，是每位同学实现自己梦想的必由之路。

高中是人生中最重要的阶段，规划好未来三年的高中学习对同学们将来考大学，乃至工作都有重要的影响。所谓高中规划就是同学们根据社会发展的需要和个人发展的志向，对自己的高中生活做出一种预先的策划和设计。高中规划可以帮助我们确定人生目标，制订行动计划，让我们更理性地思考自己的未来，提高学习积极性，增强社会责任感，甚至可以培养自己适应未来职业需要的综合能力和综合素质。

我先来分解一下高中生活，分析高中六个学期的特点，以使同学们心中有数，可以更好地做出规划，有步骤、有针对性地提出措施。

高一上学期是由初中步入高中的过渡时期。这个时期主要是学会适应，适应新环境，适应新知识，适应新老师，适应新同学，在适应中逐步稳定。

高一下学期是适应后的习惯养成期。由于对学校、学科、老师、同学等都有了一定认识和了解，各方面都已熟悉，这个时期应该重点培养良好的学习习惯，形成适合自己的学习方法，做到循序渐进地、有规律地学习，全面发展，形成自己的学科优势。

高二上学期是一个突破飞越期。此时同学们对高中生活早已适应，学习习惯已经养成，学习方法已经成熟，所以，这个时期就要开始有所突破，力求有大的提升。

高二下学期是一个稳步发展期。在高二上学期的突破、提升后，要全面地、客观地看待自我和他人，基本确定自己在年级的学习地位。

高三上学期是一个高效复习期。同学们要注意调整心态，时刻保持旺盛的斗志和饱满的自信，不要受客观环境的影响，做到步步为营，高效扎实。

高三下学期是一个加速冲刺期。要全面解决自己所面临的问题，查缺补漏，不留后患。注意情绪的变化，做到及时调整自我，及时鼓励和认定自我。

通过了解高中的大致学习情况，我们就可以明确制订规划的指导原则，尽可能地实现自己成功的最大化。我认为高中规划应该遵循以下三个原则：

一、坚持“早”字当头的时间观念

作为高中生，我们每一步都要早思考、早设计、早行动，尤其面对高考的现状，更应该抓紧时间规划、部署。

二、坚持“准”字定位的方向指导

高中阶段，前承知识积累和品性养成，下启学问水平与就业前途，要根据自己的兴趣、成绩，甚至家庭等实际情况，为自己的发展方向准确定位，这样才能一步一步走向成功。

三、坚持“恒”字态度的措施落实

态度决定一切。在求学过程中，不是所有人都有特殊天分，也不是所有人都一帆风顺。取得成绩不骄傲，遇到挫折不气馁，勤奋刻苦，持之以恒，是每位同学实现自己梦想的必由之路。

此外，规划制订出来后，还要有具体的时间安排表和计划检查表，以便更好地督促自己完成规划内容，让自己的高中生活有一个质的飞跃。

做一个成功的自我管理者

计划是实现目标的指引，好的计划是成功的一半。无论目标多么远大，都要靠一天一天脚踏实地来实现。

苏霍姆林斯基认为，学生健康发展的关键在于学生自身的精神状态，即学生的自我管理、自主管理。但是，“自我”既是成功的践行者，也可能是成功的绊脚石，所以高中生做好自我管理就显得至关重要。那么如何才能做好自我管理呢？下面，我从四个方面和同学们交流一下。

一、管理好自己的目标，做一个有理想的人

1. 目标制订要明确、具体，因人而异

许多同学在学习中目标不明确，不具体，过于笼统。没有具体的目标，学习方向就不明确，学习效果自然也不好。目标制订要具体到每个学期、每个月，乃至每天，这样才易于操作，也易于检验目标是否实现。要全面分析自己的学习基础和学习能力，为自己制订一个适合的学习目标，一般来说，要略高于自己原有的学习基础和水平。比如，上学期期末检测语文得了 120 分，这学期给自己确定 130 分以上的成绩就比较适当。学习目标要逐步升高，不要急于求成。当然，学习目标也不能总停留在一个水平上，这样学习的动力就会不足。

2. 目标实现要有计划

计划是实现目标的指引，好的计划是成功的一半。无论目标多么远大，都要靠一天一天脚踏实地来实现。所以，同学们每天都要有自己的学习计划，用信心和毅力鼓励、督促自己完成，并不断进行调整，持之以恒，目标就一定会实现。

二、管理好自己的学习，做一个有成就的人

爱因斯坦有个成功的公式：A = X + Y + Z。A 代表成功，X 代表艰苦劳动，Y 代表正确方法，Z 代表少说废话。在这里，我重点从学习方法这个方面谈一下如何做好学习管理。

首先，学会预习。充分发挥自己的学习能力，理清哪些内容已经了解，哪些内容有疑问或是看不明白（即找重点、难点），分别标出并记下来。这样既提高了自学能力，又为听课“铺”平了道路，形成期待老师解析的心理定势；这种需求心理定势必将调动起我们的学习热情和高度集中的注意力。

第二，学会听课。课堂是提高成绩的主阵地，听老师讲课是获取知识的最佳捷径，老师讲授的是他们长期学习和教学实践的精华。课堂上要集中注意力，认真思考，不要做一个被动的信息接受者，要充分调动自己的学习积极性，紧跟老师讲课的思路，对老师的讲解积极思考。善于抓住老师讲课的重点，做好课堂笔记，主动和老师交流——目光交流、提问式交流，都可以促进学习。

第三，学会巩固。练习是提高思维能力、复习巩固知识、提高解题速度的重要方式。通过审题、分析问题、解决问题，可以达到巩固检验自己的目的。

第四，学会复习。德国教育学家第斯多惠说：“必须时常回复到所学的东西上来加以复习，牢固记住所学会的东西，这比贪学新东西而又很快忘掉好得多。”平时要做到课后多回忆，精读教材，对教材理解得越透，掌握得越牢。养成整理笔记的习惯，注重构建知识网络。

三、管理好自己的时间，做一个有节奏的人

英国教育学家赛宾斯曾说：“必须记住我们学习的时间是有限的，我们应该力求把我们所有的时间用来做最有益的事情。”希望同学们在每天做一件事情时都要思考这件事是否有意义，并且要科学合理地分配时间，设定优先级别，按轻重缓急安排时间，绝不要把时间浪费在一些没有意义的事情上。有了时间，效率也很关键。不少同学为了提高学习成绩，不惜牺牲自己休息、锻炼、娱乐的时间，结果把自己搞得焦头烂额，成绩却不升反降。希望同学们在珍惜时间的前提下，利用好时间，争取最大效益，做时间的真正主人。

四、管理好自己的情绪，做一个快乐的学生

同学们都已进入青春期，有时会感到情绪好像成为一种“病”，每隔一段时间，都会莫名其妙地低落，整天闷闷不乐，不愿理睬别人，也没心思做事。不仅影响同学关系，还会影响学习。其实这是正常的生理心理现象，因为人的情绪同智力、体力一样具有周期性。奥地利的一位心理学家首先发现，人的情绪高低波动以28天为一周期，遵循着临界日→高潮期→临界日→低潮期→临界日→高潮期的规律而循环往复。高潮期的表现为：精力旺盛，情绪高涨，乐观积极；思维敏捷，记忆力强。低潮期的表现为：耐力下降，容易疲劳；心神烦躁，情绪低落；思维迟钝，记忆减退。这种周期性就如同无形的时钟一样制约着人体，演奏着经久不息的生命进行曲，有人把它称之为生物钟现象。既然这是一种正常现象，就不必过分担心和忧虑了。当感到自己的情绪正处于低潮时，可以有意识地回避一些容易引起自己不快的事情，或者暂时放一放那些困扰自己的难题。我们要发挥自己的主观能动性，控制情绪而不要让情绪控制自己。做情绪的主人不是要压抑情绪，而是要学会适度宣泄自己的消极情绪。比如，在适当的地方和适当的时间喊一喊，跺跺脚，心里也会轻松很多。

我们学校在“为了学生持续和雅发展，为了学生健康快乐成长”的育人宗旨指引下，为同学们搭建了“六自一主”的发展平台，相信大家有能力管理好自己，有信心发展好自己，希望同学们在这个舞台上快乐成长，健康向上，早日成为“具有领袖气质的博雅协和的创新型人才”。

独立行走在成长的路上

自己的事情自己做，自己能做的事情，决不让别人帮着做。要培养自己的生活勇气和顽强毅力，具有面对生活、敢于克服困难的态度和精神。

教育家指出，教育以“使人成其为人”为内在指向，它的使命就是人的完成。人的完成依靠教育，但教育的功能是多方面的，自我教育是“人的完成”双翼中的一翼，离开了自我管理、自我教育、自主发展，就不可能实现人的完成的目标。那么，在日常学习生活中，应当怎样进行自我教育？

一、自主学习

自主是新课程首先强调和倡导的一种学习方法，是人的一生中最重要最基本的一种学习方式，是培养同学们独立学习、灵活思维、终生学习的主要途经。自主学习体现为在老师的指导下，参与并确定对自己有意义的学习目标；能够对学习的内容产生多元的理解；能够对自主的学习活动进行反思质疑，并能及时调控自己的学习行为；能够参与评价指标的设计并能自我评价等。即自主学习是同学们在老师指导下通过多种方式和途径进行能动的、有选择的学习。在这种活动中，同学们能主动地获取知识，形成技能；发展能力，完善人格。

自主学习重视自主合作的教育氛围，能够积极发挥学习的主观能动性和创造精神。它具有以下五个特征：学习的指导性，学习的能动性，学习的开放性，学习的合作性，学习的创造性。一般而言，自主学习包含以下内容：目标由自己参与确定，预习由自己策划实施，问题由自己发现搜集，概念由自己概括提炼，规律由自己寻找探索，文本由自己解读领悟，展示由自己梳理调控，实验由自己设计操作，作业由自己选择完成。

二、自主管理

自主管理是指同学们在日常学习生活中，通过增强自我教育意识，管理好自己的生活与学习，并积极参与班级管理、学校管理，从而提高自我约束、自我锻炼能力的一系列行为。

自主管理首要的是设定自主管理目标，制订自主管理方案，对学习、生活、社团活动、集体活动、体育锻炼等方面提出自我教育的具体内容和达到的目标，也可以从日常行为规范、学习、道德修养、能力培养、审美品格形成等大的方面入手，提出自我成长的要求和措施。应从以下几个方面培养自主管理能力：

1．积极参与班内管理

人人参与班干部的竞选，增强为同学服务的意识，锻炼自己的组织协调能力。在班内要有一定的岗位和责任，思考、研究和解决具体班务工作。要认真履行值日班长的职责，每一位值日班长都要对班内日常学习生活进行管理、检查、评比。

2．积极参与学校管理

要积极竞聘学生自我发展促进会的职务。无论是纪检部、生活卫生部、学习部、艺体部、宣传部，还是社团管理部、社会实践部，经过竞聘担任学生自我发展促进会相关职务的同时，要多参与学校的各种检查与评比，努力提高自主化管理水平，在同学和学校间架起一道沟通的桥梁。注重加强班级与学校的衔接与磋商，既要落实好学校的各项政策，配合学校做好全校的教育工作，又要切实代表同学利益，及时把同学们的心声反馈给学校，发挥上传下达的纽带作用，提高学校整体的管理水平，提高自己的领导能力。

3．参与校纪检查，或自愿负责学校一定区域的管理

参与校纪检查时，要根据学校的要求，对全校所有班级的出勤、纪律、两操、两睡、卫生清扫、就餐、上学放学秩序以及着装佩证等各方面情况进行全面检查记录。自愿负责一定区域管理的同学，要针对这一区域管理的要求，提出具体的管理措施，做好检查记录，及时上报学校。

随着学校管理民主化进程的推进，以后的校务委员会将吸收部分同学参加，同学们可以积极参与，通过参与校级层次的管理，更好地锻炼自己的管理能力。

三、生活自理

生活自理是一个人自立于社会的基础，是一个人的主要素质。高中学生应当坚持精神独立，生活自理。

要有自立自理的强烈意识。自己的事情自己做，自己能做的事情，决不让别人帮着做。要培养自己的生活勇气和顽强毅力，

具有面对生活、敢于克服困难的态度和精神。要多找锻炼的机会，要有意识地承担一些力所能及的家务，如洗碗、擦桌子、收拾房间等；要有意识地从事社会性强的工作，如储蓄、交电话费、看望病人等。在学校内，要学会整理内务，学会清扫卫生，学会理财购物等，让家长放心自己在学校的生活学习。还要积极参与社会活动，在社会活动中培养自己的生存能力。

◎做追梦人

中国梦，我的梦

应该自觉把个人的梦想与中国梦联系起来，把人生出彩与国家富强联系起来，努力学习，积极向上，实现自己的人生理想和生命价值。

中国梦是民族复兴的梦，是富强文明的梦，是和谐发展的梦。中国梦与我们每个人息息相关，梦的实现靠我们每个人的奋斗；梦实现了，又能惠及我们每个人。

实现中国梦，青年勇担当。在今年的“五四”青年节之际，国家主席习近平同志曾深情寄语广大青年，要坚定理想信念，练就过硬本领，放飞青春梦想。此前在给北京大学学生回信时，习主席勉励大家勇做走在时代前面的奋进者、开拓者、奉献者，为实现中国梦奉献智慧和力量。这几天，我一直在思考同学们应该如何点燃自己的青春梦想，助推伟大的中国梦早日实现。

无论是历史，还是当今，青年总是时代最奋发的力量。在民族存亡的关头，在改革发展的实践中，到处活跃着青年的身影。青年用年轻刚强的肩膀，扛起了时代赋予的重任；青年用青春焕发的脸庞，装点着伟大祖国的容颜。青年既代表国家和民族的未来，又是现实中最积极、最有生气的力量。经济的发展、社会的进步离不开青年的参与，实现中国梦更离不开青年一代的奋斗。时代和社会为青年人创造了实现人生抱负的大好机遇，提供了施展聪明才干的广阔舞台，尤其是我们青年学生更应该自觉把个人的梦想与中国梦联系起来，把人生出彩与国家富强联系起来，努力学习，积极向上，实现自己的人生理想和生命价值。

“时来天地皆同力，运去英雄不自由”。梦想的实现离不开一定的客观环境和时空条件。每个学校都给每位同学放飞心中的梦想提供了广阔的天空和充足的机会，让你们的学习热情和聪明才智像春潮一样迸发出来，汇聚成实现强国梦的巨大正能量。你们所做的就是珍惜机会，刻苦学习，抓住机遇，执着追求，超越自我，实现梦想。

功崇惟志，业广惟勤。任何梦想的实现都不是轻而易举的，它需要我们用勤奋和刻苦去努力获取。因为“有超常的勤奋，必然就会有超常的成就”。“勤”字包括勤劳、勤奋、勤俭、勤思、勤勉，其核心就是乐于钻研、甘于吃苦、勇于担当。俄国作家克雷洛夫曾经说过：“现实是此岸，理想是彼岸，中间隔着湍急的河流，行动则是架在河川上的桥梁。”这个比喻生动地说明，要把梦想变为现实，必须脚踏实地，一步一个脚印地去奋斗。同学们，在你们面前展开的漫漫人生征途，并非全都是阳光普照的通衢大道，会有荆棘坎坷，会有风雨冰霜。但是我相信，只要你们从眼前做起，从小事做起，既保持远大梦想，又始终脚踏实地，任何困难和挑战都有可能变为机遇，美好梦想也终将得到实现。大英博物馆的一个座位下，留下了伟大的革命家马克思长期来此学习的两个脚印。由于他有着勤奋学习、善于钻研的习惯，才能有巨著《资本论》的问世；艺术家达·芬奇有着坚强的毅力，养成了刻苦磨炼的习惯，几百次画蛋，才有了后来《蒙娜丽莎》的诞生；李宁原是一位普通的体操运动员，但他有个好习惯：每天坚持训练十多个小时，每次训练一定要突破一个动作难度，不然就不离开训练馆。他终于成功了，在洛杉矶奥运会上，一人独得3枚金牌。纵观众多的成功者，勤奋、吃苦无疑是他们握在手中的一把金钥匙。任何投机取巧、耽于安逸，其结果只能是梦想变空想、幻想，留给自己的不会是丰腴的果实，而只能是“白了少年头，空悲切”的悔恨。

志存高远，必当以“才大”来支撑。如果一个人腹内空空，才疏学浅，纵然有鸿鹄之志，到头来也仅是“志大才疏”，竹篮打水一场空。战国时期，有一个叫苏秦的人，由于学问不多不深，到过好多地方做事，都不受重视。回家后，家人对他也很冷淡，瞧不起他。这对他的刺激很大，于是他下定决心，发奋读书。他常常读书到深夜，有时很疲倦，读着读着就想睡觉。他想出了一个办法，那就是在书桌旁准备了一把锥子，只要一打瞌睡，就用锥子往自己的大腿上刺一下。这样，猛然间感到疼痛，自己立即清醒起来，再坚持读书。就是凭借这种苦读精神，他熟读《阴符》，才干大增，终于成为著名的政治家。当前，我们的主要任务就是学习，并且要刻苦学习，一定要牢固树立必须学习、永远学习的理念。只有通过学习新知识，增长新本领，努力考取一所理想的大学，继续深造，继续提升，才能为梦想的翅膀开辟更为辽阔的天空。

“少年智，则国智；少年强，则国强。”青年，不只是年轻的代名词，还与胸怀梦想、朝气蓬勃、好学上进、创新拼搏等字眼紧密相联。惟其如此，青年的梦想更加动人，青年的激情更加飞扬，青年代表着未来中国梦的青春底色。衷心地为每一个拥有梦想的同学喝彩，真诚地为每一个拥有梦想的同学成长成才铺路搭桥。正如一位青年问题研究专家所言：“点燃每一个青年人的青春梦想，焕发伟大的中国梦也就更加真实可期！”

用激情点燃梦想

梦想是一种超越现实的追求，做梦的感觉很美好，但是追梦的过程却注定充满着艰难与困苦。

最近，习近平总书记在“五四”青年节参加主题团日活动时说：“中国梦是国家的、民族的，也是每一个中国人的；中国梦是我们的，更是你们青年一代的。”

青年一代的梦是青春的梦，是理想的梦。梦想与我们的青春紧紧相连，青春因梦想而绚丽，梦想因奋斗而精彩。

说到为梦想而奋斗，我想到了马丁·路德·金题为“我有一个梦想”的著名演讲。在演讲中他说过一段这样的话：“一个人如果没有找到值得他为之献出生命的东西，那么他就没有活下去的必要了。”这个“为之献出生命的东西”，就是我们每个人的梦想，它引领着我们人生的方向，让我们能够与众不同，让我们成长为最优秀的自己。

我还想到了一个人，那便是由一个高考落榜生，进而考入北京大学，最终成为青年创业领袖的俞敏洪先生。俞敏洪在总结人生的奋斗历程时，打了一个十分恰当的比喻：登上金字塔的只有两种动物，一是能振翅高飞的雄鹰，二是勤奋、努力的蜗牛。蜗牛在登上金字塔的道路上绝不可能一帆风顺，有时会掉下来，它再继续爬；掉下来，再继续往上爬。当蜗牛爬到金字塔顶端时，它收获的成就一定会比雄鹰多得多，因为它坎坷的经历就是一大笔宝贵的财富。

也许，我们当中的绝大多数人注定成不了雄鹰，那就让我们做一只坚忍不拔的蜗牛吧，为了理想矢志不渝，永不妥协，永不言弃，坚持，坚持，再坚持，直至登顶，直至胜利。

亲爱的同学，梦想是一种超越现实的追求，做梦的感觉很美好，但是追梦的过程却注定充满着艰难与困苦。习总书记说得好：“人的一生只有一次青春。现在，青春是用来奋斗的；将来，青春是用来回忆的。”几十年以后，当我们回首青春岁月的时候，希望每一位同学都能这样总结自己的青春时代：我在花季里，为灿烂的人生奠定了坚实的基础，青春无悔，终生无悔！

把吃苦当作人生享受

吃苦耐劳是中华民族的传统美德，无论是现在，还是将来，作为一种人的优秀品质，作为一种民族的可贵精神，是永远值得培养、提倡和发扬光大的。

多年前，1992年8月，“中日夏令营事件”在中国社会引发了一场大讨论。

那个夏天在乌兰察布盟草原上，参加夏令营的中国孩子明显比同龄的日本孩子缺乏吃苦精神、自立意识和基本生存技能。此事被教育专家孙方晓写成《夏令营中的较量》一文后，一石激起千层浪，媒体纷纷进行报道，许多专家也发表看法，引起国人对整个下一代素质的忧虑。《人民日报》发表评论呼吁：真爱孩子就要让孩子多吃点苦！

时至今日，或许很多国人早就忘记了当年的那场较量。那么，现在的教育，还有无必要对学生进行吃苦耐劳教育？现在的中学生，还有没有必要吃苦？吃苦对于今天的学生成长，对于整个国家和民族还有没有意义？我们先来了解一下现在的学生“吃苦”状况。最近《中国青年》进行了一项题为“关于吃苦，您怎么看”的公众调查，调查中，有51%的人认为现在的年轻人不能吃苦，认为非常能吃苦的只有7．9%。我曾经在几个年级中针对学生吃苦的问题，咨询了许多老师，绝大多数的老师认为，现在的学生越来越不能吃苦。究其原因，一是独生子女多了，娇生惯养成风；二是社会大环境流行好逸恶劳，许多学生认为吃苦没必要，吃苦得不到好处；三是生活条件好了，很难找到让孩子吃苦的环境；四是教育有失误，片面理解素质教育，认为减负就是少让学生吃苦。还有人认为，倡导赏识教育、快乐教育，让学生快乐学习、快乐成长，再让学生吃苦，不是矛盾吗？

我认为，吃苦耐劳是中华民族的传统美德，无论是现在，还是将来，作为一种人的优秀品质，作为一种民族的可贵精神，是永远值得培养、提倡和发扬光大的。我想说以下几点：

一是不能将“吃苦”与“减负”对立起来。学习是一种艰苦的脑力劳动，需要坚忍不拔的精神和顽强拼搏的毅力。古人学习留下了“头悬梁”“锥刺股”的故事，方式虽不可取，但凝聚其中的吃苦学习精神永远值得学习。“减负”减的是过重的课业负担，不能减了课业负担，也减了精神铸造和品质培养。

二是认清楚，人生应当“先苦后甜”，还是“先甜后苦”。即使我们不想让学生吃苦，但生活当中不可能全部是甜。生活中，总是有苦有甜，基本上甘苦均等，甚至苦多于甜。俗话说“苦尽甘来”，俗话还说“吃得苦中苦，方为人上人”。“人上人”并非是指统治别人，奴役别人，而是指超越别人，优于别人。自古至今，成大事业者，无不是先“苦其心志，劳其筋骨”，而后成就学问和事业，真所谓“宝剑锋从磨砺出，梅花香自苦寒来”。

三是对待学习，一定要有“吃苦”的充分心理准备和勇于吃苦的认识基础。学习需要认真、刻苦，需要专心致志，需要持之以恒，需要如饥似渴，决不能马马虎虎、松散懈怠，世界上没有一个人能轻轻松松做成学问。现有高考制度，仍然是“千军万马过独木桥”，尽管国家在扩招，但保证不了人人都能上大学，更不可能人人都能上理想的大学。在高考面前，不拼搏能行吗？当然，我们反对片面追求升学率，教育学生明白“条条大道通罗马”，不在高考一条路上堵死，但高考毕竟是国家选拔人才的重要渠道，“考上理想的大学”毕竟是大多数普通高中学生和家长的迫切心愿。多年前，某校门口出现过这样一副对联：上联是“怕吃苦，莫入此门”，下联是“图安逸，另寻他路”，横批是“永不屈服”。这副对联的可取之处是其中的激励学生勤奋刻苦学习的内涵成分，一个不敢吃苦、不能吃苦、不会吃苦的人，一辈子做不成大事。

四是正确看待“苦”，转变心态。如果一个人，吃苦不觉得苦，受累不觉得累，变苦为乐，以苦为乐，将是一种坦然面对人生的进取态度。著名成功学导师卡耐基说过：“干一件事情，如果必须干，痛苦也要干，不痛苦也要干，为什么痛苦着干？”学习这件事情是一个人终生都要干的事情，痛苦也应学习，不痛苦也应学习，为什么不把学习当成一种乐趣，愉快地学习？

让我们一起把吃苦当作一种人生享受吧。

追求属于自己的幸福

通过自己的奋斗开创属于自己的幸福人生。

什么是幸福？不同的人有不同的认识。有人说，幸福就像阎维文在《母亲》中唱的那样："你入学的新书包有人给你拿，你雨中的花折伞有人给你打，你爱吃的三鲜馅有人给你包，你委屈的泪花有人给你擦。"有人说，幸福就是自己小时候坐在父亲肩头的那份得意和舒心，就是在自己考试失利时老师的那份殷切的关爱，就是同学间那份浓浓的友爱。又有人说，幸福就是田间老农看见压满枝头的果实即将收获时露出的笑脸，就是体育健儿在运动场上争金夺银的辉煌时刻，就是站在领奖台上，在国歌声中看见五星红旗冉冉升起时的莹莹泪光。

总之，幸福是一种感受，是一个过程，是一种境界，是一个看不见摸不着的事物，不同人的人有不同的理解，但有一点是共同的，那就是幸福是一个温馨的字眼，幸福对于每一个人都充满了诱惑，人人都渴望获得她。人们获得幸福的方式各有各的不同，有的人靠自己的奋斗获得，有的人靠父母的馈赠获得，有的人靠别人的帮助获得。有的人为了"幸福"则干脆不惜铤而走险，触犯法律。

如何获得幸福，我的主张是靠自己，通过自己的奋斗开创属于自己的幸福人生。

《国际歌》这样唱道："从来就没有什么救世主，也不靠神仙皇帝！"要创造幸福，全靠我们自己！

冰心说："成功之花，人们往往惊羡它现时的明艳，然而当初，它的芽儿却浸透了奋斗的泪泉，洒满了牺牲的血雨。"

是的，古往今来的事实证明，要获得真正属于自己的幸福，不靠自己又要靠谁？

大禹是三皇之一，传说他治水居外 13 年，三过家门而不入，连自己刚出生的孩子都没工夫去爱抚。他不畏艰苦，身先士卒，腿上的汗毛都在劳动中被磨光了。他是中国历史上第一位成功治理黄河水患的治水英雄。他从治理水患为百姓谋求幸福中获得了幸福。

汉高祖刘邦是西汉王朝的开国皇帝，为了打败项羽，发动了长达 4 年的楚汉战争。战争前期，刘邦处于劣势，屡屡败北。但他知人善任，注意纳谏，能充分发挥部下的才能，又注意联合各地反对项羽的力量，终于反败为胜。他在与项羽的争斗中实现了自己的理想，获得了属于他的幸福。

"近代民主革命的伟大先行者"孙中山先生为了推翻清朝的统治，历经磨难，不惧失败，终于迎来了武昌起义的炮声，结束了长达两千多年的君主专制制度，建立了共和国。他说："吾志所向，一往无前；百折不挠，愈挫愈奋。"他在奋斗中享受到了幸福。

孔子为了宣传自己的儒家思想，曾经率领自己的弟子周游列国，但是没有一个国家采纳他的政治主张，弄得他狼狈不堪，“茫茫然，如丧家之犬”。政治上的失意，并没有击倒他，在他68岁回到鲁国后便将很大一部分精力用在教育事业上。他打破了教育垄断，成为了私学先驱，弟子多达三千人，其中贤人七十二。七十二贤中有很多为各国高官栋梁，又为儒家学派延续了辉煌。孔子在自己的教育事业上收获了属于自己的幸福。

但是，有好多人就不明白这个道理，像清朝入关以后的八旗子弟，就是最典型的例子。先代的“光荣”，祖辈的“福荫”，特殊的身份，闲逸的生活（靠领月钱过日子），使得许多“旗下人”都非常会享乐，十分怕劳动。男的打茶围，玩票，赌博，斗蟋蟀，放风筝，玩乐器，坐茶馆，一天到晚尽是吃喝玩乐。女的也各有各的闲混度日的法门。到了家道日渐中落，越来越入不敷出的时候，仗着特殊的身份和灵巧的口舌，巧取豪夺，欺蒙诓骗。生命就这么浮沉在有讲究的一汪死水里。这些人的结局可想而知。

可笑的是当今中国社会也出现了类似“八旗子弟”的被人称作“坑爹族”的“官二代”和“富二代”。因为父母的职位高，或者家境优越，他们便饱食终日，贪图享乐，游手好闲，酗酒、飙车、赌博，比起“八旗子弟”有过之而无不及，败坏了社会风气，在社会上造成了很坏的影响。这些人永远都不会有出息，也不会得到社会的尊敬。他们鼠目寸光，过着寄生虫一般的生活，品尝不到生活的真滋味。历史经验告诉我们：一个人不是凭真才实学，凭艰苦奋斗立足，而是凭血统关系，躺在祖先的福荫之下，享受特权，闲逸度生，最终是非衰败下去不可的。

林则徐说：“我儿不如我，要钱做什么？愚而多财，易增其过；我儿胜似我，要钱做什么？贤而多财，易损其志。”郑板桥留给儿子的遗训是：“流自己的汗，吃自己的饭，自己的事自己干，靠人靠天靠祖宗，都不算好汉！”他懂得“种德胜遗金”的道理，让孩子用自己的双手去获得属于他们自己的幸福，不给孩子留下物质上的遗产。

作为当代中学生，应该怎样去获得属于自己的幸福呢？

我认为应该按照习近平总书记的要求，以学习为己任，好好学习，努力读书，加强精神修养，做一个精神富有的人。在2013年五四青年节座谈会上，习近平总书记深情勉励各界优秀青年代表：“学习是成长进步的阶梯，实践是提高本领的途径。青年的素质和本领直接影响着实现中国梦的进程……青年人正处于学习的黄金时期，应该把学习作为首要任务，作为一种责任、一种精神追求、一种生活方式，树立梦想从学习开始、事业靠本领成就的观念，让勤奋学习成为青春远航的动力，让增长本领成为青春搏击的能量。”

习近平总书记还特别强调：“广大青年要坚持面向现代化、面向世界、面向未来，增强知识更新的紧迫感，如饥似渴学习，既扎实打牢基础知识又及时更新知识，既刻苦钻研理论又积极掌握技能，不断提高与时代发展和事业要求相适应的素质和能力。要坚持学以致用，深入基层，深入群众，在改革开放和社会主义现代化建设的大熔炉中，在社会的大学校里，掌握真才实学，增益其所不能，努力成为可堪大用、能担重任的栋梁之材。”

2013年北京的金秋十月，在中央民族大学附属中学百年华诞之际，习近平总书记亲切地给全校学生回信：“希望同学们珍惜美好时光，砥砺品德，陶冶情操，刻苦学习，全面发展，掌握真才实学，努力成为建设伟大祖国、建设美丽家乡的有用之材、栋梁之材，为促进民族团结进步、实现共同繁荣发展做出应有贡献。”

习近平总书记对学生和青年的谆谆教诲给中国青年的成长发展，追求自我价值的实现，获得人生的幸福指明了方向。青年学生是祖国的未来，实现中华民族伟大复兴的中国梦责任在肩。青年学生必须砥砺品德，陶冶情操，从小做起，珍惜美好时光，把学习作为首要任务，将促进人的全面发展与投身国家经济社会发展紧密相连，这样才能将实现自身成长成才的美好愿望融入实现中国梦的进程之中。

保尔·柯察金曾经说过：“人最宝贵的是生命，生命每人只有一次，人的一生应当这样度过：当他回忆往事的时候，他不会因为虚度年华而悔恨；也不会因为碌碌无为而羞愧。当他临死的时候，他能够说：我的整个生命和全部精力，都献给了世界上最壮丽的事业——为解放全人类而斗争。”

让我们携起手来，为实现中国梦，为追求自己的幸福，一起奋进！

一生只有三天

人的生命是短暂的，从获得暇满人身到命归黄泉，短短几十年，弹指一挥间，难以挽留，永不回头。我们真应该珍惜时间，抓住每一天。

鲁迅先生在《门外文谈》中说过这么几句流传深远的话："时间就是性命，无端地空耗别人的时间，其实无异于谋财害命。""年矢每催，曦晖朗曜"。孔子当年站在大河之滨目睹水流而逝，发出了"逝者如斯夫"的慨叹，真正参透了时光之短暂、人生之苦短。

高中三年，仅仅是1000多天，扣除节假日、双休日，用于学习的只有500多天。区区500多天，匆匆而过，转瞬即逝，真是"尺璧非宝，寸阴是金"。但是，同学们珍惜时间了吗？每一天你是怎么度过的？我由此想到了明朝文嘉的《今日歌》：

今日复今日，今日何其少？
今日又不为，此事何时了？
人生百年几今日？今日不为真可惜。
若言姑待明朝至，明朝又有明朝事。
为君聊赋今日诗，努力请从今日始。

“努力请从今日始”，你做到了吗？古人读书留下了“头悬梁，锥刺股”“凿壁偷光”“画粥夜读”等佳话，而我们有些同学上课不听讲，睡大觉，作业完不成，沉溺于网吧不思学习，让大好时光白白流走了。

由《今日歌》我想到了清代钱鹤滩的《明日歌》：

明日复明日，明日何其多？
我生待明日，万事成蹉跎。
世人若被明日累，春去秋来老将至。
朝看水东流，暮看日西坠。
百年明日能几何？请君听我明日歌。

人的生命是短暂的，短短几十年，弹指一挥间，难以挽留，永不回头。我们真应该珍惜时间，抓住每一天。富兰克林是美国著名的科学家、《独立宣言》的起草人之一。有人问他：您怎么能够做那么多的事情呢？上帝也不多给您一点儿时间呀！“您看一看我的时间表就知道了。”富兰克林答道。他的作息时间表是什么样子呢？请看——

5点起床，规划一天的事务，并自问：“我这一天要做好什么事情？”

8点至11点，14点至17点，工作。

12点至13点，阅读，吃午饭。

18点至21点，吃晚饭，谈话，娱乐，检查一天的工作，并自问：“我今天做好了什么事情？”

有朋友问他，天天如此，是不是过于劳累？他说：“你热爱生命吗？如果你热爱生命，请别浪费时间，因为时间是组成生命的材料。”

富兰克林的每一天是这样度过的，我们的每一天如何度过？请同学们学习一下美国学生的做法。在美国夏威夷岛上，学生们上课前有这样一段祈祷词：

一个人的一生只有三天：昨天、今天和明天。昨天已经过去，永不复返；今天已经和你在一起，但很快也会过去；明天就要到来，但也会消逝。抓紧时间吧，一生只有三天。

既然人生只有三天，我们就要把握好每一天，让每一天过得充实、饱满。怎样过得充实、饱满？教育家陶行知提出要做到“每天四问”：

第一问：我的身体有没有进步？

第二问：我的学问有没有进步？

第三问：我的工作有没有进步？

第四问：我的道德有没有进步？

要把“每天四问”作为我们每天做事做人的警钟，从而充实而饱满地度过生命中的“三天”。

有梦想谁都了不起

实现梦想要“一步一个脚印”走下去，踏踏实实，埋头苦干，终会有实现梦想的那一天。

中国梦是由许许多多的中国人的梦构建而成的。每个人都应该有梦想，无论年长年幼，无论尊卑贵贱；每个人的梦想都要在与祖国梦想紧密相连的前提下，有自己独特的光彩和追求。可惜，我们身边的同学，在做梦的年纪里无梦可做，有的不愿做，因为没有目标，没有方向，没有追求；有的不敢做，认为自己不具备做梦的条件，缺乏自信，缺少自尊；有的不会做，要么如痴人说梦，假大空，要么只有梦想没有行动。

前几年，有一位苏珊大妈做了一场梦，她的梦做得轰轰烈烈，光彩照人。2009 年 4 月 11 日，在美国独立电视公司著名的选秀节目《美国达人》中，貌不惊人、衣着寒酸、说话有些语无伦次的苏珊 · 博伊尔上了台。面对又老又没有明星相的苏珊，评委西蒙 · 克威尔漫不经心地问：“你的梦想是什么?”苏珊诚实地回答：“做专业歌手，成为伊莲 · 佩姬那样的歌星。”这一回答引起台下阵阵笑声。“苏珊，那你为什么至今都没有实现这个梦想?”西蒙忍不住就要笑出声来了。“我一直没有机会，但今晚我希望能够如愿。”苏珊一边说一边指了指现场。

机会渺茫，观众都这么认为。

音乐响起，苏珊开始演唱音乐剧《悲惨世界》中的曲目《我曾有梦》。就在她开口的一刹那，奇迹发生了，评委和现场观众立刻被她那浑厚而富有感情的天籁之音所震撼，所有的鄙夷瞬间化成了倾慕，掌声雷动。

这一幕成为2009年4月中的全球网络点击量最高的视频。她比赛的视频收看人次在短时间内就突破了1亿，远远高于美国总统奥巴马的就职典礼。苏珊大妈红了！苏珊成为了媒体关注的焦点，各种各样的访谈节目和唱片公司都向她发出了邀请。苏珊成为了全球热议的焦点人物。苏珊本人怎么看待这个问题呢？她说：“我早就料到人们看我的外表会有些鄙视，但我决定让他们刮目相看。在《美国达人》之前，我一直没有机会，我必须一步一个脚印，终究会成功的，所以永远不要放弃梦想。”

是的，永远不要放弃梦想。苏珊坚持着12岁时的梦想，不在乎别人怎么看，冷眼也好，嘲讽也罢，她都不在乎。她作为一个有梦的人，坚守住自己的梦，一路走下去，在追梦的路上，即使遭遇冷雨和霜雪，也坚持微笑，笑对梦想，笑对人生，终于圆了自己的梦。

但苏珊大妈圆梦不是靠侥幸，而是靠实力，靠几十年如一日的勤学苦练，靠一天又一天的积累沉淀。“机会是为有准备的人准备的”，如果你空有梦想，不去为实现梦想付出心血和汗水，你也成不了“苏珊大妈”。正像苏珊所言，实现梦想要“一步一个脚印”走下去，踏踏实实，埋头苦干。

当然，一旦你做好准备，当机会来临之时，也不要错过机会，要站出来，勇敢地把握住机会，像苏珊大妈的登场那样，尽管别人不看好，甚至瞧不起，但也要大胆展示，勇于表现，因为你已经积攒了足够的水平和能力。站在这个舞台上不起眼，一旦表现就不一般，“不鸣则已，一鸣惊人”。

寻找时间，抓住时间

时间像水珠，一颗颗的水珠分散开来，可以蒸发，变成雾气飘走，集中起来可以变成溪流，汇成江河。

2008 年以来，我省开始全面规范办学行为，从时间角度看，明显的改变是闲暇时间增多，在校时间减少。一年之中，有两个长假——寒假和暑假，国庆节、五一劳动节、中秋节各种节日都放假调休，普通高中学生过大周末休息由四周一轮次改为二周一轮次，不过大周末的日子也不再排课上课。有人预言，学习的竞争已经由校内延续到了校外，利用不好这些闲暇时间，学习上就会十分被动。那么，应当如何把握时间，做时间的主人，争取学习上的主动呢？

一、“星期天上帝也不休息”，要适当地学习

卡耐基在他的训练班上讲到时间管理时，谈了一个有关爱因斯坦的故事：有一次，英费尔德问爱因斯坦：“明天是星期天，我来不来你这里一道工作？”“为什么不来呢？”“我想，星期天你可能要休息一下。”爱因斯坦哈哈大笑，说：“上帝在星期天是不休息的。”

对一般人而言，紧张地工作六天了，星期天应该休息一下，但像爱因斯坦这样献身事业的人，无一不是把星期天当成学习日、工作日的。1902 年，著名科学家科尔在纽约的一次学术报告会上，曾轻松地走到黑板前，很快地列出了两条算式，两次计算结果相同，以此证明 2 的 67 次方减去 1 是合数，打破了 200 多年来，一直被当作质数的固有观点，使与会者无不惊叹信服。有人问他为此花了多少时间，科尔回答说："3 年内的全部星期天。"

星期天虽然是个人支配的时间，但如果全部用于休息确实不合算。有人曾经对 2012 年奥赛金牌获得者做过调查，学习时间这么紧张，提前结束高中课程，做大量的训练和实验，还要学习一部分大学课程，哪来的时间？他们的共同回答是："星期六、星期天和所有的节假日。"可见，要想卓尔不群，胜人一筹，就要比别人多花费些时间。

我曾经了解过 2013 年参加高考的一部分同学，这部分同学进入高三前成绩一般，进入高三后突飞猛进，每次考试都有进步，最终考取了理想的大学。他们总结罗列出了好多条经验，其中共同的一条是：与时间赛跑，找时间，抢时间。因为追赶别人的最好办法是笨鸟先飞，奋起直追。

二、闲暇时间少闲暇，适当利用

时间就是生命，时间就是成功，时间就是金钱。这些耳熟能详的话谁没听说过？但又有几个人能真正珍惜时间？富兰克林有句名言："如果想成功，就必须重视时间的价值。"

那些考入清华大学、北京大学、香港大学的同学，在回顾自己的高中阶段时，都是这样总结：我并不是班内最聪明的，但我肯定是班内用于学习上的时间最多的一个，当别人在假期中玩耍的时候，我总是在学习。

的确，漫长的假期主要是用于休息，放松身心，但也可以抽出一部分时间用于学习，用于实践，用于体验，不能全部用于玩耍，要做到“放假不放学”。假期中要认真完成作业，要多参与社会实践活动，也可以借以开展社团活动、读书活动，让假期丰富起来，让精神饱满起来。正如比尔·盖茨建议的那样：“人生不是学期制，人生没有寒暑假，没有哪个雇主有兴趣协助你找寻自我，请用自己的空闲做这件事吧。”

三、化零为整，成为善用时间的高手

所谓零散时间，是指短暂的、不能连成片的时间，如课余时间。这样的时间往往被同学们大方地忽略过去。零碎时间虽短，但日复一日地积累起来，其总和是相当可观的。凡是学习上有所进步的同学，几乎都是能有效地利用零碎时间的高手。

在美国造币厂处理金粉车间的地板上，有一个木制的格子，每次清扫地板时，这个格子就被拿了起来，里面细小的金粉随之被收集起来，日积月累，每年可以为厂里节约上万美元。

事实上，每一个成功的同学都有这样的一个“格子”，用于积攒那些被分割得支离破碎的时间，把那些常人容易忽视的零碎的时间，都收集利用起来。我们学校就有好多同学，随身带一个小本本，里面记满了英语单词或数学公式，利用排队的时间、集合的时间，拿出来记一记，天长日久，积累了很多知识。

生物学家达尔文说过：“我从来不认为半小时是微不足道的

一段时间。”诺贝尔奖金获得者雷曼的体会更加深刻：“每天不浪费或不虚度或不空抛剩余的那一点时间，即使只有五六分钟，如果利用起来了，也一样可以产生很大的价值。”

把时间化零为整，精心使用，这正是古今中外很多科学家取得辉煌成就的妙招之一，很值得我们学习借鉴。

三国时期的董遇是个很有学问的人，前去找他求学的人很多，但他要求首先要“书读百遍”，当求学者抱怨说没有时间时，他说：“当以‘三余’，即冬者岁之余，夜者日之余，阴雨者晴之余也。”这三余的利用，正是零碎时间的聚积。

宋朝名人钱惟演，生长于富贵之家，后来当了大官，除了读书什么嗜好也没有。他曾经对下属说：“平生惟好读书，坐则诗经，卧则小说，上厕则读小辞，盖未尝顷刻释卷也。”读书手不释卷，分秒不舍，惜时如此，令人敬佩。

毛泽东在湖南第一师范求学时有这样的座右铭：“百丈之台，其始则一石，由是而二石焉，由是而三石焉，四石以至千万石焉，学习亦然。今日记一事，明日悟一理，积久而成学。”

有的同学觉得，学习就是要有大块时间，点点滴滴的时间学不成什么。这样的同学成不了大事。如果你想成大事，就要明白这样一个道理：时间像水珠，一颗颗的水珠分散开来，可以蒸发，变成雾气飘走，集中起来可以变成溪流，汇成江河。而这集中的方法之一就是用零碎的时间学习整块的东西，做到点滴积累，系统提高。获取知识，没有“捷径”可走，只有靠平时一点一滴地积累，才能实现你的梦想。

英格兰著名诗人彭斯的许多优美的诗歌，是他在一个农场上劳动时完成的；约翰·斯图亚·密尔曾经在东印度公司当小职员，他的许多传世之作都是在当小职员时用零散时间完成的。

成功者都是善于利用时间的高手，即使像莱斯顿这样的天才人物都要随时在口袋里装一本书，以便可以抓住任何一个空隙提高自己，那么，像我们这样普普通通的人难道不应该更充分地利用分分秒秒，莫让时间白白地流逝吗？

四、时间像海绵里的水，要善于挤

时间的独特之处在于，它有时过得慢一些，有时过得快一些。有时，时间飞驰而去，快得只来得及让人惊呼一声，连回顾都来不及；而有时，时间却踯躅不前，慢得像粘住了一样，简直叫人难受，它竟然拉长了，几分钟时间拉成一条望不到边的线。许多成功者，正是利用时间的这种特征，不断扩充时间的容量，充实自己生命的内涵。

沈从文曾精辟地说：“挤，工作要挤才紧张，时间要挤才充裕。”他还说：“不挤才是不正常的，挤才是正常的，应该欢迎挤，要知道，挤是使人进步的一个重要因素。一个人一生多少是要对人民有贡献的，都是靠挤时间创造出来的。一个人如果常年不去挤时间，而是松松垮垮，他将一事无成，虚度年华，浪费了生命。可见，挤对人没有坏处。”鲁迅也说过：“时间就像海绵里的水，只要愿挤，总还是有的。”

我们在课堂上，积极与老师、同学进行思维对话，把思维时间把紧，就会挤出时间多进行一些思考；快速行动，立即完成当堂训练，就会挤出一些时间复习巩固；我们在课下把握住一分一秒，合理安排时间，按计划行事，就会挤出很多时间读读课外书或参加其他一些有意义的活动；我们如果把每项学习任务都严格地限定了时间，督促自己在规定的时间内必须完成，提高了学习效率就等于挤出了时间；我们可以规定自己一天记住十个单词，一天做一套训练题，一个月读一本课外书，长此以往，会增加很多知识，提升很多能力。

想当领袖先练好口才

语言是人类最常用的、最基本的、最重要的交际工具，已成为决定一个人优秀与否的重要因素。

一提到“领袖”二字，不少同学都觉得望尘莫及，高不可攀。但我认为我们的同学中，将来一定会出现很多领袖人物，退一步说，即使我们成不了领袖人物，也应当具有领袖情怀。

翻开词典，“领袖”二字的意思是“国家或者政治团体或者群众组织等的领导人”，我们在联想到马、恩、列、斯、毛等无产阶级领袖人物的同时，联想到了林肯、华盛顿等著名总统，联想到了习近平、李克强等党和国家领导人；我们还可以联想到各行各业的领军人物，如商界领袖、企业界领袖、文学艺术界领袖，还有工人领袖、农民领袖，当然，也有学生领袖，我们的学生会、学促会、团委中的学生干部就是学生领袖。

其实，我们的领袖就在我们身边，和我们朝夕相处，我们经常和他零距离接触。只不过，今天的学生领袖与未来的领袖还有很大差距，可以这样发问：今天他成了领袖，能否做好领袖？走出学校的大门，是否还是领袖？如果他以后仍然成为了领袖，是要经过一段漫长的磨炼历程的，在这个历程中可能有鲜花，有掌声，也可能有坎坷，有泥泞，甚至有困苦，有灾难。但无论怎么说，我们安丘一中集中了全市最优秀的学生，每位同学都要有领袖情怀，立志将来成为各行各业的领军人物。毛泽东在年轻的时候喜欢结社和交友，在长沙第一师范读书时成为了学生领袖，和一群进步青年指点江山，激扬文字，最终成为了新中国的主要缔造者。胡锦涛在中学时，为了竞选学生干部，苦练普通话，后来成为全国青年领袖，再后来成为全国人民的领袖。可见，有情怀、有志向是成为领袖人物的认识基础和思想前提。我们从现在开始就要树立做领袖人物的远大志向，争取成为未来的领袖人物，为国家为人类担负更大的责任。

有了做领袖的情怀和志向，也不一定能成为领袖人物。如何成为领袖人物？条件很多很多，我只谈一条：练好口才。

美国的教育很发达，很重要的一个标志就是，美国教育培养的学生演讲能力强，讲话水平高。前几年克林顿当总统时，有位人士对他有看法，克林顿就与之辩论，并专门召开记者招待会，侃侃而谈，有条有理，有礼有节，表现出了相当高的政治家口才水平。许多国家总统竞选都演讲，都辩论，没有很强的表达能力，是很难竞选成为总统的。

语言是人类最常用的、最基本的、最重要的交际工具，已成为决定一个人优秀与否的重要因素。由此，我想到了我们敬爱的周恩来总理。万隆会议上，许多国家敌视中国，主持会议的人又限定了周总理的讲话时间，周总理仅用了十几分钟时间就阐明了中国的外交立场，申明了和平共处五项原则，将敌对排华的万隆会议开成了求同存异的世界人民大团结的大会。

练好口才有什么诀窍呢？一是要有的放矢，不能对牛弹琴。毛泽东当年指出写文章、做事情的标准是“射箭要看靶子，弹琴要看对象”。二是设身处地，在什么山上唱什么歌。《林海雪原》中的杨子荣打进威虎山，在山上只能说土匪的黑话，说别的就暴露了。另外，还要对症下药，通俗易懂。

练好口才非一日之功。古雅典雄辩家、民主政治家德摩斯梯尼天生口吃，嗓音微弱，还有耸肩的坏习惯。在常人看来，他几乎没有一点当演讲家的天赋。因为在当时的雅典，一名出色的演讲家必须声音洪亮，发音清晰，姿势优美，富有辩才。为了成为卓越的政治演说家，德摩斯梯尼做了超过常人几倍的努力，进行了异常刻苦的学习和训练。他最初的政治演说是很不成功的，由于发音不清，论证无力，多次被轰下讲坛。为此，他刻苦读书学习，据说，他抄写了 8 遍《波罗奔尼撒战争史》；他虚心向著名的演员请教发音的方法；为了改进发音，他把小石子含在嘴里朗读，迎着大风和波涛讲话；为了去掉气短的毛病，他一边在陡峭的山路上攀登，一边不停地吟诗；他在家里装了一面大镜子，每天起早贪黑地对着镜子练习演说；为了改掉说话耸肩的坏习惯，他在头顶上悬挂一柄剑，或悬挂一把铁锤；他把自己剃成阴阳头，以便安心躲起来练习演说。据说，德摩斯梯尼以口含小石子等方法一直刻苦练习演说近 50 年，直至逝世。

德摩斯梯尼的故事告诉我们：口才不是天生的，天资差不要紧，要坚持练习，改正弱点；被人哄下台也不要气馁，一次次失败后也不要放弃，总有一天你会成为真正的演说家。

但演说只有毅力是不够的，还要讲求技巧。一是举止优雅。不回头顾盼，不看表。二是保持良好状态，有人进场，不中途停止；有人退场，能保持正确的演说状态；有人鼓掌时，暂停演讲；有人鼓倒掌时，不发火，不驳斥，不懦弱，而是随机应变。演讲过程中可能出现这样那样的一些特殊情况，要灵活处理，恰当处置。三是长短适中。有话则长，无话则短，尽量做到通俗易懂，言必由衷，言为心声，言简意赅。

◎让优秀成为习惯

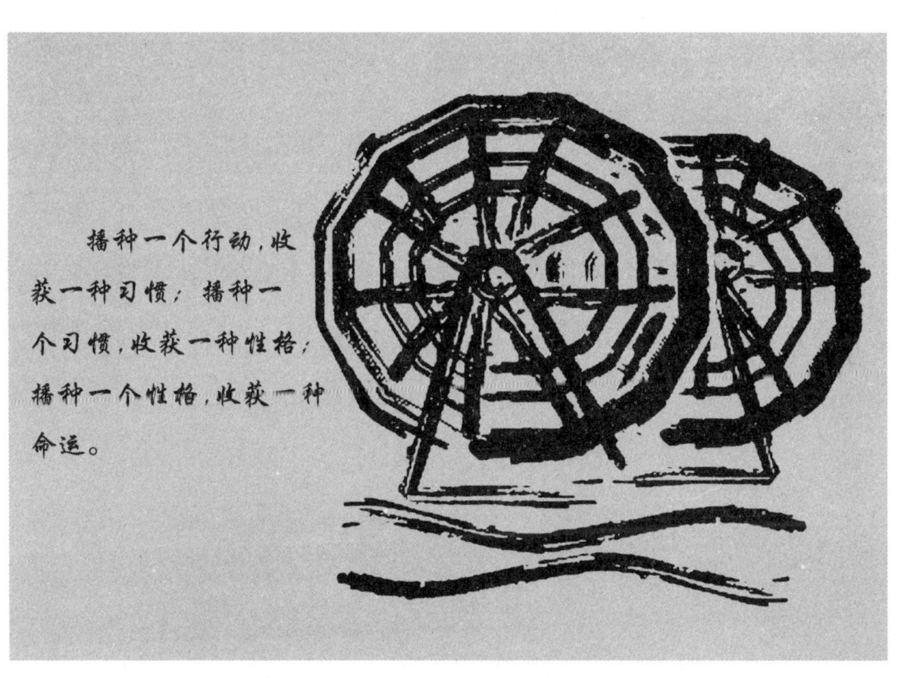

习惯决定命运

每一种好习惯都昭示着最终的优秀，这种优秀的好习惯有无穷无尽的正能量，在你一生的成长中发挥着无与伦比的作用。

美国心理学家威廉·詹姆斯说：“播下一个行动，收获一种习惯；播下一种习惯，收获一种性格；播下一种性格，收获一种命运。”一言以蔽之：习惯决定命运。

那么，习惯怎么养成呢？根据美国心理学家拉施里的动物记忆实验，行为主义心理学认为，一种行为重复 21 天就会变成习惯，90 天的重复会变成稳定的习惯。一个习惯的形成，一定是一种行为能够持续一段时间。当然，这只是一个大概的概念。正如古希腊哲学家亚里士多德说过的那样：“我们每一个人都是由自己一再重复的行为所铸造的。因而优秀不是一种行为，而是一种习惯。”每一种好习惯都昭示着最终的优秀，这种优秀的好习惯有无穷无尽的正能量，在你一生的成长中发挥着无与伦比的作用。正如古罗马诗人奥维德曾经说过的那样：“没有什么比习惯的力量强大。”养成一种好习惯，受益终生。俄罗斯教育家马申斯基也说过：“好习惯是人在神经系统中有效的资本，这个资本不断地增长，一个人毕生都可以享用它的利息。”

因此，每个同学都要秉承“把优秀变成习惯”的成长理念，让优秀行为常态化，变成第二天性。孔子说，“少成若天性，习惯如自然”，一定要下决心养成具有优秀行为的天性，以此支撑整个高中阶段的学习生活，支撑你的未来发展和一生成功。20 世纪 60 年代，苏联为发射第一艘载人宇宙飞船挑选第一个上太空的人选，几十个宇航员去迎接挑选。当他们去参观将要驾驶的飞船走进舱门的时候，只有一个人把鞋脱了下来。这个人就是加加林。加加林觉得:“这么贵重的一个舱，怎么能穿着鞋进去呢?”就是这么一个习惯动作，让主设计师非常感动。他想：只有把这艘飞船交给爱惜它的人，我才放心。在他的推荐下，加加林就成了人类第一个飞上太空的宇航员。所以有人开玩笑说，成功从脱鞋开始。实际上，成功就是从优秀习惯开始。

那么，应该在哪些方面养成优秀习惯呢?

全国教育科学“十五”规划课题——“少年儿童行为习惯与人格的关系研究”的专家们认为，少年儿童行为习惯的养成应该集中在三个大方面上，即：做人、做事和学习。这三大方面共有 12 个指标，包括“做人”——真诚待人，诚实守信，认真负责，自信自强；“做事”——遵守规矩，讲究效率，友善合作，合理消费；“学习”——主动学习，独立思考，学用结合，总结反思。

怎样将优秀变成习惯?

首先要改掉坏习惯。马申斯基说过：“坏习惯是道德上无法偿清的债务，这种债务能以不断增长的利息折磨人，使他最好的创举失败，并把他引到道德破产的地步。”改掉一个坏习惯，等于有了一个好习惯。

二是从小事做起。好习惯是做出来的，是体验出来的，先从小事做起，“天下大事必做于细，天下难事必做于易”，此所谓平凡至伟，积少成多。因此，把小事做好就是大事，把平凡的事做好就是不平凡，“勿以善小而不为”。

三是从第一次做起，老子曰：“一生二，二生三，三生万物。”因此要起好头，开好步，“好的开端是成功的一半”，“一步起错，步步错”。

四是不为错误找借口，不为劣行找理由，正视自己的错误。

五是坚持一种好的行为，直至成为习惯。

六是寻求榜样，向父母学习，向师长学习，向同学学习，向所有人学习。“人皆可为尧舜”，处处都有养成自己良好习惯的老师。

良好的学习习惯是成功的要素

学习习惯，其核心是主动学习，即不在他人的督促下，自觉自愿专心致志进入学习状态。这才是真正的学习。

学习习惯是在学习过程中经过反复练习形成，并发展成为一种个体需要的自动化的学习行为方式。良好的学习习惯，有利于激发同学们的学习积极性和主动性；有利于形成学习策略，提高学习效率；有利于培养自主合作、探究学习能力；有利于培养创新精神和创造能力，使我们终身受益，是我们获得成功的要素。

著名教育科学研究专家孙云晓和他的研究团队提出，最基本的学习习惯是以下 10 条：学习有目标；提前预习；认真听讲；完成作业；及时复习；正确使用学习工具；规范书写；积极提问和讨论；经常阅读；持之以恒。并且认为，以上 10 个最基本的学习习惯，其核心是主动学习，即不在他人的督促下，自觉自愿专心致志进入学习状态。这才是真正的学习。

结合这些意见，根据我的调查分析，我以为同学们在高中阶段应着重培养以下几个学习习惯。

一、规划时间、任务驱动、按时完成的习惯

要在规定的时间内完成规定的学习任务，包括自己给自己安排的学习内容、老师布置的作业、自选的作业和其他学习内容。要把规定的学习时间分成若干个时间段，根据学习内容，为每个时间段规定具体的学习任务，并要求自己必须在一个时间段内完成一个具体的学习任务。这样做，可以减少乃至避免学习时走神或注意力涣散的情况，有效地提高学习效率，还可以在完成每个具体学习任务后，产生一种成功的喜悦，使自己愉快地投入到下一段的学习中去。对老师布置的作业，一定要认真思考，独立完成。做作业时遇到的问题，积极寻求解决的办法。写完作业后，要及时归纳特征和要点，总结规律和方法，收到举一反三的效果。作业下发后，要及时进行改错，并做到错题重演。

二、思维对话的习惯

学习中要调动一切思维因素，积极与同学、老师进行思维碰撞，做到思维活跃。

（一）养成上课积极展示、主动回答的习惯

课堂上的主人不是老师，而是我们同学自己。在课堂上要积极展示自己的学习成果，展示自己的学习问题，要认真思考每一个问题，主动回答问题。展示做到简明扼要，条理清晰；回答问题做到起立迅速，声音洪亮，表述清楚。

（二）养成多思善问、勇于质疑的习惯

多思，就是把知识要点、思路、规律、方法、知识间的联系、与生活实际的联系等进行分析研究，形成体系。善问，就是遇到问题多问几个为什么，要知道“最愚蠢的问题是不问问题”。不仅问老师，也要问同学，养成向别人请教的习惯。勇于质疑，就是要在学习过程中，注意发现问题、研究问题，敢于合理质疑已有的结论、说法，在尊重科学的前提下，敢于挑战权威。

三、养成动笔、动手的习惯

（一）上课记笔记的习惯

俗话说："好脑子不如烂笔头。"在专心听讲的同时，要动笔做简单记录或记号。对重点内容、疑难问题、关键语句进行"圈、点、勾、画"，把一些关键性的语句记下来。有实验表明：上课只听不记，仅能掌握当堂内容的30%；一字不落地记只能掌握50%；有重点地勾画、记录，课下再加以整理，则能掌握所学内容的80%。除上课外，也要养成"不动笔墨不读书"的良好阅读习惯。

（二）动手操作的习惯

专家们说，对于知识掌握，仅仅是听了能掌握10%，看了能掌握30%，做了能掌握90%。所以，一定要多动手，将问题在手底下解决掉。

四、分清主次、轻重缓急的习惯

（一）分清主次

清楚地知道什么是最重要的，什么是不应该做的。比如你的学科发展不全面，存在弱科，这就要求你对这门弱科要更加努力学习，在学习中不断提高兴趣。

（二）分清轻重缓急

一般而言，我们所要做的事情，包括以下几种情形：紧急并且重要的，紧急但不重要的，重要但不紧急的，既不重要也不紧急的。我们在安排顺序、分配时间时，一定要动动脑子，先把紧急并且重要的学习任务放在前面完成。

五、自觉培养创造性思维能力的习惯

创造性思维能力是人的智商高度发展的表现，是创新能力的内核，是实现未来发展的关键。高中阶段应随时注意运用如下步骤培养创造性思维能力：

界定自己所面临的问题→搜集相关问题的所有信息→打破原有模式，从改变方向、改变角度、改变起点、改变顺序、改变数量、改变范围、改变条件、改变环境等 8 个方面尝试各种新的组合→调动所有感觉器官参与→让大脑放松，让思维掠过尽可能多的领域，以引发灵感→检验新成果。

学无止境，学习习惯包含的内容很多，同学们要结合自己的体验，借鉴别人的经验，尽快形成稳定的高效的学习行为，为终生学习提供良好的习惯。

养成严谨规范的好习惯

“严谨”是每一位成功人士都具有的一种品质，养成严谨的习惯能够在有能力解决问题的基础上，把问题解决得更完美。

“欲成大事者，必先修其身。”修炼自己，让优秀成为习惯，是每一位同学的追求目标，而在所有习惯中，“严谨”的习惯至关重要。

清华大学提出的“严谨、勤奋、求实、创新”八字校风中，把严谨排在了第一位，可见，严谨对治学有着不同凡响的作用。

“严谨”是每一位成功人士都具有的一种品质，养成严谨的习惯能够在有能力解决问题的基础上，把问题解决得更完美，高考自然也不会例外。高考试题的难度系数不是很大，试卷长度适中，绝大多数的同学在规定时间内能基本完成试卷。从某种意义上说，高考除考知识、能力外，还要考严谨、规范。有的同学在高考时审题有误，失了分；有的同学计算错误，失了分；有的同学落漏了步骤，丢了分；有的同学要点不全，有的同学会的没全对，对的没得满分……这些常见的问题，归根到底都是不严谨、不规范造成的。高考答卷的严谨与规范从哪里来？从平日训练和考试中来。

我们平时的训练和考试，基本要求是“平时像高考”，必须严格要求，高标准约束。能够做一套题很简单，能够做得严谨、规范却不容易。平日考试要统计一下自己的失分情况：因为粗心丢了多少分，细节上有多少失误，规范上有什么差距。数学家陈景润先生攻克哥德巴赫猜想，演算了几麻袋稿纸，人们整理这些演算的稿纸时发现，陈先生做题一丝不苟，毫无半点马虎，让人肃然起敬。钱学森从美国带回了许多学习和实验时的草稿纸、笔记本，跟他从事研究的学者们经常拜读学习，发现他的记录，即使是记录在草稿纸上的内容也工工整整，一笔一画，让人敬佩不已。

我校近几年考入清华、北大等名牌院校的许多同学，曾将高中阶段的笔记本留给了师弟师妹们，我翻阅过多次，发现一个共同的特点就是认真规范。

请牢记我的劝导：向规范要成绩，靠严谨得高分。

一个人，无论能力大小、水平高低，只要具有了良好的生活习惯，就一定会成为一个受人尊敬的人，成为一个幸福美满的人。

专家们说习惯的养成应当人格化，具体说就是在习惯培养过程中，应当以健康人格为核心目标，注意观念与情感的培养，使同学们对每一个好习惯知其然，知其所以然，从而晓之，信之，践行之。为此，我劝同学们要培养自己的八个好的生活习惯。

1．每天睡眠不少于8小时。

科学研究表明，在人的成长过程中，每个年龄段都有睡眠时间的底线，突破了这个底线，睡眠不足，就会导致大脑迟钝，反应不灵敏，精力不集中。每位同学都要养成按时作息的习惯，不开夜车，不打破生物钟。一旦破坏了生物钟，就会造成神经紊乱，学习效率就大打折扣。

2. 不乱花一分钱。

每月每周每天都要计划自己的主要开支，规定每笔开支的限度，可以做一个小账本，把每笔开支记下来。我提议随身携带的现金不超过 20 元，超过这个数的要上交班主任保管，每人每天的零花钱不超过 5 元。买东西时，以质量和实用价值为主要标准，不刻意追求名牌，更不能与别人攀比。看到喜欢的东西不要急于买，对于花钱比较多的商品尤其要货比三家，然后再作出决定。不轻信广告，是否选择这种商品要看自己的实际需要和商品本身的品质。

3. 干干净净度过每一天。

讲究卫生是一个人文明的表现，既体现了良好的个人面貌，又包含了对他人的尊重。要勤洗澡洗头刷牙，勤洗衣服，各种物品摆放整齐。宋代有个大教育家朱熹，被称为孔子之后的又一个大儒、大学问家，他针对好习惯专门写了《童蒙须知》，大家看看他关于生活习惯是怎么说的："大抵为人，先要身体端正。自冠巾、衣服、鞋袜，皆须收拾爱护，常令洁净整齐。凡脱衣服，必齐整折叠箱箧中，勿散乱顿放，则不为土尘动乱杂秽所污。着衣既久，则不免垢腻，须要勤洗浣。当拂拭几案，当令洁净。文具笔砚，凡百器，皆当严肃整齐，顿放有常处。取用既毕，留置原所。”

4．每天锻炼一小时。

因为运动时脑细胞的活动有所转换，分管体育活动的脑细胞兴奋，分管思考的脑细胞得以休息，有助于消除大脑的疲劳。体育活动是一种积极的休息，因此，要认真上好课间操和体育课。要知道，这段时间是专门用来锻炼的，自己也无法做其他事情，与其马马虎虎对待，不如积极认真地活动，达到健身的目的。

5．优雅就餐。吃饭时不讲话，不乱动，不挑食。少吃零食，不边吃边走。少吃或不吃油炸食品、膨化食品。

6．不乱扔一片纸屑。不但不扔，还要主动捡拾。当你拾起纸屑时，你彰显的是个人的素质，赢取的是大家的尊重。

7．正确行走。昂首挺胸，快步行走。

8．修饰规正。女同学不染发、烫发，不抹口红，头发要扎起来；男同学要留平头。男女同学一律不准佩戴耳环和戒指，不准穿奇装异服。

一切生活的美好从良好的生活习惯开始，离开了良好的生活习惯，就不可能拥有美好的生活。一个人，无论能力大小、水平高低，只要具有了良好的生活习惯，就一定会成为一个受人尊敬的人，成为一个幸福美满的人。改掉自己的不良生活习惯吧，让我们一起从平凡走向伟大。

劳动无上光荣

只有劳动才能创造价值，只有劳动才能创造世界，只有劳动才能开创我们自己美好的未来。

打扫卫生是一件十分简单的劳动，我观察过很多次同学们打扫卫生的情景，发现很多同学根本不会打扫卫生。有的同学手拿工具，却不会正确使用，面对一个不很大的需要打扫的场所，不知从何处下手。我们现在没有劳动课了，但有时候需要同学们参加一些劳动，却闹出了很多笑话，甚至给学校造成了不必要的损失。有一次我们的高二同学从旧楼搬到新楼上去，一场搬运结束，摔坏了几十张课桌和凳子，走廊内的安全指示灯撞坏了一大半。开学之初，我们组织同学们清理操场，有的同学厌恶劳动，躲在一边玩耍；有的同学搬运体育器材笨手笨脚，畏难发愁；有的同学干了一会儿活，就大汗淋漓，气喘吁吁。从同学们的表现可以看出，我们的同学没有养成良好的劳动习惯。

究其原因：一是劳动意识淡薄，不愿意参加劳动；二是劳动技能欠缺，不知道怎么劳动；三是不明白劳动的意义，在劳动体验中没得到多少收获。事实上，这种把自己的成长与劳动习惯割裂开来的现象，与我们的健康成长道路是背道而驰的。鉴于此，我提出如下主张：

一、明白劳动的意义

1. 劳动促进智力发展

同学们在劳动中，通过观察世界，运用自己所学知识和技能，使智力与体力同时活动起来，从而促进了前者的发展。

2. 劳动有助于未来发展

国外有一项研究表明，那些青少年时期热爱劳动的人，成年后发展的可能性比不热爱劳动的人高出 10 倍，获得高收入的可能性大 4 倍，而失业的可能性较小；童年时很少劳动的人，精神不健全的可能性大 10 倍，犯罪的可能性也较高。外国的教育家都十分重视培养学生的劳动习惯，比如前苏联教育家苏霍姆林斯基，在他的帕夫雷什中学大力实施劳动教育，要求所有的学生每人都要栽活一棵树，几十年过去了，帕夫雷什中学成了树木参天、浓荫匝地的学校。现代教育家陶行知，这位美国教育大家杜威的弟子，一生致力于中国教育改革，特别重视学生的实践活动，和学生们一起种地，一起盖房，一起做饭，把劳动教育渗透到了学校教育的方方面面。他在《教育的新生》一文中讲得极为精辟：“行是知之始，知是行之成。行动是老子，知识是儿子，创造是孙子。有行动之勇敢，才有真知的收获。”

3. 劳动是一种思维和语言修养

苏霍姆林斯基指出：“请你记住，劳动不仅是一些实际技能和技巧，而首先是一种智力发展，是一种思维和语言修养。”这就是说，通过参加劳动，一方面可以培养自己的劳动观念、劳动技能、劳动习惯，另一方面有利于促进我们的身体发育、心理健康、智力发展以及坚强的意志和克服困难的勇气与毅力的培养。

二、增强劳动光荣的意识

马克思说：“任何一个民族，如果停止劳动，不用说一年，就是几个星期，也要灭亡，这是每一个小孩都知道的。”也就是说，劳动不仅关乎个人的成长，而且更重要的是关乎民族的兴亡。当马克思的女儿问世界上什么最光荣时，他坚定地说：“劳动最光荣。”就同学们而言，现在生活条件好了，加之独生子女多，个别父母溺爱孩子，对孩子的事情大包大揽，使许多同学出现了鄙视劳动的倾向，有的同学喜欢安逸享受，而不喜欢劳动；有的同学懒惰成性，“四体不勤，五谷不分”，“衣来伸手，饭来张口”，过着一种剥削他人劳动的寄生生活。这对他们的发展都是十分有害的。我们反思一下自己的情况，在家里你做过几次家务？帮助父母干过什么活？参加过几次学校的劳动？在社会上有过劳动锻炼吗？我们应当清醒地认识到，只有劳动才能创造价值，只有劳动才能创造世界，只有劳动才能开创我们自己美好的未来。我们要尽快培养起劳动习惯，将体力劳动与脑力劳动结合起来磨炼自己，让自己在体味劳动的幸福与喜悦中快乐成长。

三、培养珍惜劳动成果的品质

我们这一代人没有经历过战争与贫穷，没有经历过饥饿与困顿，我们享受着改革开放、经济发展的物质成果，从来没有体会过艰苦的生活，思想中滋生出许多有害的东西。有的同学有严重的追求时尚的心理，非名牌衣服不穿，非名牌商品不买；有的同学物欲膨胀，贪图享受，养成了不愿劳动、不想吃苦的坏习惯，个别人甚至为满足物欲而走上犯罪道路。

我们应当明白，一个人，只有勤劳、节俭，才可能创造和拥有幸福而美好的生活。我们要了解，我们自己的幸福生活，是父辈们艰苦创业、勤俭持家得来的，来之不易，应当加倍珍惜。

我们要痛下决心，好好学习，自立自强，不依靠父母，用自己的双手创造美好的明天。

让文明素养伴我们成长

作为文明的传承者，我们应当高举文明旗帜，向文明进发，让文明伴随我们成长，让我们成长为文明人。

近期，《中国教育报》做过一期“外国人眼中的中国人”的调查，调查结果表明中国人的素质堪忧，《环球人物》杂志也专门刊文呼吁“提高国人素质，刻不容缓”。中国人有哪些不文明行为呢？主要是随地吐痰，乱扔垃圾，上完厕所不冲水，公共场合大喊大叫，不守秩序，很少使用“对不起”“谢谢”等用语，无视禁烟标志抽烟，乱跑动，不排队，在公共场合乱写乱画等。

2013 年 5 月 24 日，一位去埃及旅游的中国网友发布了一条微博，微博里卢克索神庙浮雕上赫然刻着中文“丁某某到此一游”。微博发出后短短一天，评论就有一万多条，网友很快搜出了丁某某是南京一所中学的学生。这件事很快在全社会引发一场国民素质大讨论，批评之声不绝于耳。无独有偶，7 月中旬，中国人又在比萨大教堂上演了埃及卢克索神庙“到此一游”事件的意大利版本，两名来自中国的年轻游客用钥匙在墙壁上刻写时，被附近的警察当场抓获。

在我们安丘一中，校内各种低素质行为也并不鲜见。我们的超市门口，一度到处都是同学们扔掉的包装盒；通往餐厅的楼梯上，随处可见扔掉的餐巾纸；南院新教学楼的厕所，经常因为大便后不冲水而堵塞，安全指示灯毁坏了一半；随地吐痰现象相当普遍；有的同学开口就是脏字，骂人成了习惯；还有的同学克制不住自己，因一点小事就大打出手，甚至还出现过打群架的现象；有的同学在“安丘吧”“安丘一中吧”上出言不逊，辱骂他人，进行人身攻击，传谣信谣。诸如此类，随处可见，令人担忧。

《论语》中说：“不学礼，无以立。”意思是说，一个人不注意学习文明礼节，就没办法在社会上立身。那么，如何提高我们的文明素质?

一、向传统文化学习

中华民族一向重视青少年的良好素质培养，《周易》中说：“蒙以养正，圣功也。”意思是，对孩子要加以正确的诱导、教育和启迪，这是圣人的功业。怎么“养正”？清代李毓秀撰写的《弟子规》曾被誉为“开蒙养正最上乘”。以下节选的部分内容，尤其值得我们学习。

或饮食，或坐走；长者先，幼者后。长呼人，即代叫；人不在，己即到。冠必正，纽必结；袜与履，俱紧切。置冠服，有定位；勿乱顿，致污秽。衣贵洁，不贵华。年方少，勿饮酒；饮酒醉，最为丑。斗闹场，绝勿近；邪僻事，绝勿问。用人物，须明求；倘不问，即为偷。借人物，及时还；人借物，有勿悭。凡出言，信为先；诈与妄，奚可焉。

二、向规章制度学习

2004年2月26日，中共中央和国务院颁发了《关于进一步加强和改进未成年人思想道德建设的若干意见》，明确指出："从规范行为习惯做起，培养良好道德品质和文明行为。"教育部专门制订了《中学生守则》，我校专门制订了《育人为本十二项制度》，提出了"安丘一中日常行为规范"。这些制度和规范，应当熟记于心，身体力行，达到做一个合格中学生的要求和标准。

三、向家长和老师学习

社会学大师费孝通曾说过一句话："孩子懂道理，经常不是听会的，而是看会的。"先看谁？先看父母和老师。人们常说"父母是孩子习惯的第一任老师"，父母怎么做的，为什么这么做，你会从中受到教育和启发。教师从事的是"太阳底下最光辉的事业"，在这个事业中，人人都要讲求职业道德，人人都要做到"学高为师，身正是范"，因此，向老师学，不仅仅是学知识，增才干，更重要的是学处世，学为人。

一个人成长的首要是成长为一个真正的人，而真正的人的首要标志是"文明人"。我们从小学到高中，重要的不是你通过学习获取了多少知识，而是我们在学习中培养了多少文明素质。文明素质是人之所以成为人的重要标志，是人类发展的方向目标。人类从野蛮到文明历经了千年万年，之所以薪火不断，是因为有一代一代传承。作为文明的传承者，我们应当高举文明旗帜，向文明进发，让文明伴随我们成长，让我们成长为文明人。

三本书指导你养成好习惯

所有成功人士的成功，几乎都归功于良好的习惯和性格；所有失败者的失败，都能从习惯和性格中找到原因。

我们学校有个栏目，叫“校长推荐阅读”，这个栏目已经坚持了三年多，每周向全体师生推荐一个阅读书目。如果这些书你全读了，那一定是一个读书人；如果读了一部分，也基本上算是个读书人；如果一本也没读，那就不是一个读书人了。

学校是最好的读书的地方，也是最应该有读书人的地方。可是多年以来，我们的学生除教科书外，基本不读其他书籍，就连我们的老师也有很多长时间不读书的。这种现象相当可怕。一个学校没有读书的风气，没有满园的书香，便没有文化气息。只有人人读书，用阅读唤醒生命，这样的校园，才是一所真正的学校。

有感于此，我特意向同学们推荐相互关联的三本书。

20 年前，《高效能人士的七个习惯》风靡世界，该书作者史蒂芬·柯维入选影响美国历史进程的 25 位人物之一，被美国《时代周刊》誉为“思想巨匠”“人类潜能的导师”。那么，这七个习惯是什么呢？那就是：积极主动，以终为始，要事第一，双赢思维，知彼解己，统和综效，不断更新。

20年后，肖恩·柯维延续了其父史蒂芬·柯维的惊世智慧，写出了给青少年的成长哲理书《杰出青少年的七个习惯》。这本书不但被认为是美国青少年的必读书，而且畅销120个国家，全球销量超过300万册。他总结的这七个习惯是什么呢？那就是：积极处世，选定目标后有行动，重要的事情先做，双赢的想法，先理解别人再争取别人理解自己，协作增效，磨刀不误砍柴工。

习惯决定性格，性格决定命运。陈墨先生著作《高效能人士的七种性格》，对追求上进、自制自控、抗击压力、变通善思、果敢坚毅、求真务实和善于交际这七种典型性格的内涵做了深入挖掘和全面阐述，并结合大量高效能人士极具说服力的现实事例，剖析了这些优良性格的积极作用。通过这本书，读者可以理解自己的性格特征，发现自己的优点、弱点，从而最大限度地发挥自己的潜能，高效地开展学习和工作。

习惯与性格之所以引起这么多人关注和研究，是因为习惯和性格在人的成长中的作用极其重要、不可替代。它们如同人的血液，遍布人的全身，影响人的一生。大脑没有血液，不能正常运转；心脏没有血液，不会跳动；人缺少良好的习惯和性格，不可能完美地走完一生。人一生的成功，依赖于良好的习惯和性格，可以说，所有成功人士的成功，几乎都归功于良好的习惯和性格；所有失败者的失败，都能从习惯和性格中找到原因。

改掉粗鄙说话的毛病

中华民族是一个崇尚礼仪的民族，孔子主张："道之以德，齐之以礼。"孟子以礼为尽人皆有的四个善端之一，"无礼者谓之非人"。

不知从何时起，一些曾经让人羞于启齿的粗话、脏话成了校园内、网络中和社会上的流行语。个别同学动不动自称"老子"，同学中互称"哥们儿"，网络中还常闪现"屌丝""脑残"等词语。这种不文明的语言行为，制造着精神污染，扭曲着同学们的心灵，败坏了青年一代的价值观。

日常生活中有哪些不文明的语言现象呢？

1．粗话。喜欢把父母称为"老头儿""老太婆"，把女孩叫"小妞""小嫚"，将名人称"大腕"，把吃饭叫"撮一顿"，把交谈叫"瞎喷"，把"他妈的"当口头语等等。讲粗话，是一种自我污辱行为，会自失素养，有失身份。

2．脏话。口带脏字，骂骂咧咧，上至宗祖，下连子孙，旁及姐妹近亲，骂及两性，不堪入耳。讲脏话，低级粗俗，十分不文明，是一种自我贬低的行为。

3. 黑话。即流行于黑社会的行话。如“条子”“雷子”等。说这些话的人，往往自以为见过世面，可以此唬人，实际上却显得匪气十足，令人反感厌恶。

4. 荤话。即谈论艳事、绯闻、色情、男女关系的话。爱说荤话者，一定品位不高，而且对交谈对象，尤其是女士缺乏应有的尊重。

5. 大话。即吹牛的话，故意抬高自己，有时还贬低别人。这样的人不知天高地厚，往往让人瞧不起。

6. 怪话。即不符合正常人说话的语气、腔调、方式和内容的话。有些人说起话来阴阳怪气，或讽刺嘲弄别人，或训斥指责他人，或怨天尤人，或颠倒黑白。爱讲怪话的人，往往难以令人产生好感，人们不愿与之交往，也没有几个真正的朋友。

7. 气话。即泄私愤、图报复、大发牢骚、指桑骂槐的话。这种话在交谈中很容易伤害人、得罪人，很容易引起冲突。

导演冯小刚曾发微博表达过对说话粗鄙的态度：“称自己是草根是自嘲，称自己是屌丝那是自贱。”中华民族是一个崇尚礼仪的民族，孔子主张：“道之以德，齐之以礼。”孟子以礼为尽人皆有的四个善端之一，“无礼者谓之非人”。在中国人看来，人是按照礼来说话的。讲不讲“礼”，主要体现在文明说话上。那么，怎么文明说话呢？

1. 了解常用的敬语和谦语

（1）敬语

称呼长辈或上级可以用令堂（对方的母亲）、令尊（对方的父亲）、大叔、大妈、伯伯、叔叔、老领导、老同志、老师傅、老首长、老先生等。

称呼平辈可以用令爱（也作令嫒，对方的女儿）、令郎（对方的儿子）、令亲（对方的亲戚）、哥哥、姐姐、兄长、大哥、小弟、贤弟、仁兄、先生、女士等。

询问对方姓名可用贵姓、尊姓大名、芳名（女性）等。

询问对方年龄可用高寿（对老人）、贵庚、芳龄（对女性）等。注意对女士不是特别需要，不要随便问人家的年龄，对许多女性来说年龄是一种避讳。

在日常生活中，敬语还有一些习惯用语。如：初次见面说“久仰”，托人办事说“拜托”，看望别人说“拜访”，客人到了说“光临”，陪伴客人说“奉陪”，中途先走说“失陪”，请人勿送说“留步”等。

敬语中的“请”字功能很强，是语言礼仪中最常用的敬语，如“请坐”“请进”“请喝茶”“请慢用”等。

（2）谦语

谦称自己用“在下”“鄙人”“晚辈”等。

谦称家人可以用家父、家母、家兄、舍妹、家妹、小儿、犬子（儿子）、小侄、小婿等。

当言行失误之时，说“很抱歉”“对不起”“不好意思”等。

请求别人谅解之时，可说“请原谅”“请谅解”“请包涵”

“请海涵”“请别介意”“请别放在心上”等。

2. 常用礼貌用语

与人相见说“您好” 看望别人说“拜访”

问人姓氏说“贵姓” 请人接受说“笑纳”

问人住址说“府上” 送人照片说“惠存”

仰慕已久说“久仰” 欢迎购买说“惠顾”

长期未见说“久违” 希望照顾说“关照”

求人帮忙说“劳驾” 赞人见解说“高见”

向人询问说“请问” 归还物品说“奉还”

请人协助说“费心” 对方来信说“惠书”

请人解答说“请教” 自己住家说“寒舍”

求人办事说“拜托” 需要考虑说“斟酌”

麻烦别人说“打扰” 无法满足说“抱歉”

求人方便说“借光” 请人谅解说“包涵”

请改文章说“斧正” 言行不妥“对不起”

接受好意说“领情” 慰问他人说“辛苦”

求人指点说“赐教” 迎接客人说“欢迎”

得人帮助说“谢谢” 宾客来到说“光临”

祝人健康说“保重” 等候别人说“恭候”

向人祝贺说“恭喜” 没能迎接说“失迎”

老人年龄说“高寿” 客人入座说“请坐”

身体不适说“欠安” 陪伴朋友说“奉陪”

临分别时说“再见”　　请人勿送说“留步”

中途先走说“失陪”　　送人远行说“平安”

3. 坚持“六有”原则

（1）有分寸

说话有分寸就是不盛气凌人，不贬低他人，该说的说，不该说的只字不提。要注意考虑说话的对象、场合、时间、地点，要选择好说话的方式。

（2）有涵养

语言文雅，尊重和谅解别人，尊重别人符合道德的私生活、衣着、摆设、爱好，谅解别人的言辞不当，不以牙还牙。

（3）有礼节

语言的礼节就是寒暄。利用好最常见的五个礼节语言惯用形式，即“您好”“谢谢”“对不起”“再见”“没关系”，有人将此称为“五句十字基本礼貌用语”，它表达了人们交际中的问候、致谢、致歉、告别、回敬这五种礼貌。

（4）有学识

同他人说话时内容要充实，忌说大话、空话，不要不懂装懂，或讲外行话，或言不及义，或妄发议论。

（5）有禁忌

不能说粗话、脏话、黑话、大话、荤话、怪话、气话，不说啰嗦话，不带口头禅。

（6）有避讳

对表示恐惧事物的词应避讳，如“死”，可使用“去世了”“过世了”“老了”“走了”“没有了”等等避讳，即使是与“死”有关的事物也需避讳，如把“棺材”说成“寿材”“长生板”等。对谈话对方及有关人员的生理缺陷应避讳，对习俗中不可公开的事物行为应避讳，如想到厕所大小便叫作“去洗手间”等。

语言文明是优秀中学生的重要标志，希望同学们将语言文明与明礼修身联系起来，做到“说文明话，做文明人”。

端正学风

学风不正不仅是一个人的行为问题，而且是道德问题，人格问题，关乎一个人的成长，关乎一个人一生的成败。

端正学风是对一名学生的基本要求，良好的学风既是获得学业进步的前提保证，更是促进我们健康成长的道德规范。“文革”期间，良好的学风荡然无存，恶劣的风气甚嚣尘上。“文革”结束之后，学风开始好转，但近几年恶劣学风又有所抬头，以至于在个别学校流传着“上课睡大觉，考试一大抄”的说法，“天天不学习，也能考第一”甚至还成为了部分同学不以为耻反以为荣的炫耀。

在我们同学当中，学风不正的现象日趋严重，主要表现在以下几个方面：

一是学习欠刻苦，欠勤奋。这部分同学不懂得“一滴汗水，一分收获”的道理，认为轻而易举就会得到成功，不愿多吃苦，不肯在学习上下工夫。

二是学习浮躁，不求甚解，浅尝辄止，满足于学习上的一知半解，缺少学习上的钻研劲头。

三是不敢质疑，不会质疑，缺乏批判精神。

四是学习上不懂装懂，存在作业抄袭行为。

五是考试作弊，坏了考风。

六是作文空洞，言之无物；做实验应付，动手能力差；不愿意参加社会实践活动；不愿做难题，遇到学习上的困难就退缩。

学风影响着品性，如果我们不端正学风，就不会成为一个有道德修养的人，将来踏入社会，一定会摔跟头。

自古以来，人们一直把端正学风当成一种道德修养。早在春秋时期，孔子就对构成学术主体的士人提出了“行己有耻”“言必信，行必果”的道德要求。宋代文学家曾巩在写给欧阳修的一封信中说：“非富道德而文章者，无以为也。”意即没有道德修养是不可以作文的。明末清初的大学者顾炎武站在严肃的学术立场上，把“行己有耻”提升为“圣人之道”，认为这是为学者治学立言的根本。与顾炎武同时代的另一位大思想家黄宗羲，晚年把自己一生的治学经验概括为7个字：“修德而后可讲学。”清乾嘉时期的杰出理论家章学诚在《文史通义》中特辟《史德》篇，讲“著书者之心术”，强调史家著史必须在才、学、识之外注重史德的修养，具备“善恶褒贬，务求公正”的品德。

作为一名青年学生，应当如何端正学风呢？

一、树立务实勤奋的学风

追求学业成功的唯一途径是勤奋好学、务实拼搏，正所谓“书山有路勤为径，学海无涯苦作舟”。学习要靠勤奋，即便是天资一般，如果勤奋苦学，也能以勤补拙，因为“上天不负有心人”；学习上会遇到许许多多的困难，也要依靠勤奋来克服，因

为“一勤天下无难事”。匡衡凿壁偷光，孙敬屋梁悬发，车胤聚萤照读，孙康映雪苦学，倪宽带经耕耘，都是我们学习的楷模。

二、“知之为知之，不知为不知”

“学而知之”，“知之为知之，不知为不知”，自古以来就是治学立身的良训，也是能够有所成就的根本原因。知识只有通过学习才能获得，要培养自己浓厚的学习兴趣。毛泽东读书的兴趣极广，涉及各种学科门类，哲学、历史、政治、经济学、诗词、传记、军事学、文学、天文学、气象学、地质学、人口学、宗教，等等。当然，我们不要求对所有学科门类感兴趣，对太多的科目都产生兴趣是不现实的。不过米切尔告诉了我们一个对于读书养成广泛兴趣的方法，那就是制订读书计划，规定自己每年的读书内容，选择急用的先学，叫做“急用先学”；选择浅显易懂的先学，叫做“由浅入深地学”。因为在了解一门学科之初，无论是什么人，都应当从最基本的书读起。

不懂就要问，不能不懂装懂。孔子曰：“敏而好学，不耻下问。”说的就是学习要谦虚好问。孔子还说：“三人行，必有我师焉，择其善者而从之，其不善者而改之。”“入太庙，每事问。”他曾问礼于老子，问乐于苌弘，并由此生发出许多做学问的感慨。他说：“我不是一生下来便知道的，只不过是勤于求学而已。”他认为学习的正确态度是认认真真、脚踏实地，不能弄虚作假。

人非生而知之，生而能之，皆是学而知之，学而能之。人一生下来，不可能什么都懂，只有通过学习，才能获取真知。1724

年首次在德国发现狼孩“野彼得”时，科学家认为这个发现比发现了三万颗新星更有意义。因为这个发现给人无比深刻的启示：学狼成狼，学人成人。清康熙帝是极有本领的一代帝王，当群臣称赞他无所不能，是“由天授，非人力可及”时，他立即予以批驳：“如虽古圣人，岂有生而就无所不能者，凡事俱由学习而成，凡事未有学而不能者。朕亦不过由学而能，岂生而能者乎！”有人说，即使是世界上最聪明的天才，他出生的第一声啼哭，也绝不会是一首美妙的诗。康熙还说：“古所谓圣贤，皆与人无异，故学一发千钧则可至于一发千钧，学舜则可至于舜。”即只要勤学好问，人人可成圣贤。诸葛亮在《诫子书》中给出了这样的答案——“非学无以广才”，“玉不琢，不成器”，即人不学，不成才。歌德也说：“人不是靠他生来就拥有的一切，而是靠他从学习中所得到的一切来造就自己。”诸葛亮的才能，得力于他善于学习；歌德的文学成就，得益于他博览群书。认识自己的无知，善于学习，学而知之，这才是正确的学风。

三、拒绝抄袭和作弊

报载某著名大学兜售博士论文和博士学历，成为社会的笑柄。某省在报纸上登载了五篇高考满分作文，人们发现，每篇都存在抄袭问题，一时引发教育界反思。我们组织的每次考试，都存在作弊现象，在省级学业水平考试中，许多同学带小抄进入考场，利用手机等其他通讯工具作弊。考风是学风的重要标志，一个学生只要选择了考试作弊，不仅会使平日学习受到影响，而且对其一生的成长也会有影响。要下决心用真才实学应对一生中所有的考试。只有这样，你才能获得真实的成功，你才能成长为一个真正的人。教育家陶行知有句名言，叫做“千教万教教人求真，千学万学学做真人”，现在听来，发人深省。作为一名学生，就要从小养成诚信的品质，认真对待学问，切实端正学风。

四、勇于质疑，追本求源

有人将中国的孩子与美国的孩子做了一个对比，从中发现，中国的孩子缺少批判精神，不能发现问题，不会质疑。这也是端正学风的重要方面。

孟子说：“尽信书则不如无书。”我们应当在学习过程中善于发现问题，善于提出问题。著名作家、学者钱钟书有一种学习的方法，叫作“追本求源读书法”，对我们克服不良学风有很大的教育意义。

所谓“追本求源读书法”就是在读书时敢于否定，敢于质疑，敢于批判，善于发现问题，发现问题后与多种读物相联系，经过这样的分析、比较、求证之后，求得一个能解决问题的读书方法。

清代袁枚在《随园诗话》里曾批评毛奇龄错评了苏轼的诗句。苏轼在诗中说“春江水暖鸭先知”，而毛奇龄评道：“鸭先知，难道鹅不知?”袁枚对此事觉得既好气又好笑，认为如果照毛奇龄的看法，那么《诗经》里的“关关雎鸠，在河之洲”，也是一个错误了，难道只有雎鸠，没有斑鸠吗？袁枚与毛奇龄的这场笔墨官司，到底谁是谁非，钱钟书并没有草草了事，他要追本求源。

他查找了《西河诗话》，得知毛奇龄的意思是：苏轼的诗句模仿唐诗“花间觅路鸟先知”而得来。原来，人在花间觅路，自然鸟比人先知，而动物均可感觉到冷暖，苏轼为何只说鸭先知，而不说鹅先知呢？那当然是个错误。

但钱钟书仍不罢休。他又找来了苏轼的原诗《惠崇春江晚景》，诗中说道：“竹外桃花三两枝，春江水暖鸭先知。”原来，苏轼的这首诗是为一幅画而作的，由于画面上有桃花、春江、竹子、鸭子，所以苏轼在诗中写道“鸭先知”。看来苏轼并没有错，而是毛奇龄错了。

为进一步弄清事实，钱钟书又找出了张谓的原作《春园家宴》，原诗写道：“竹里行厨人不见，花间觅路鸟先知。”人在花园里寻路，不如鸟对路熟悉，这是写实。而苏轼在诗中说鸭先知，是写意，意在赞美春光，这是画面意境的升华，是诗人的独特感受，苏轼“鸭先知”之句无论从立意或是内涵来说都要比张谓之句高出一筹。看来，毛奇龄真是不懂东坡之苦心。

钱钟书的这种读书方法，其实是一种严谨求证的学风表现。有了这种学风，我们就会博采众长，举一反三，进行新推理和新想象等多种思维的锻炼；有了这种学风，我们就能提高慎思慎取、批判选择的能力。这是一种读书人的学习精神，是同学们应当培养的一种良好的学习习惯。

◎要成才　先成人

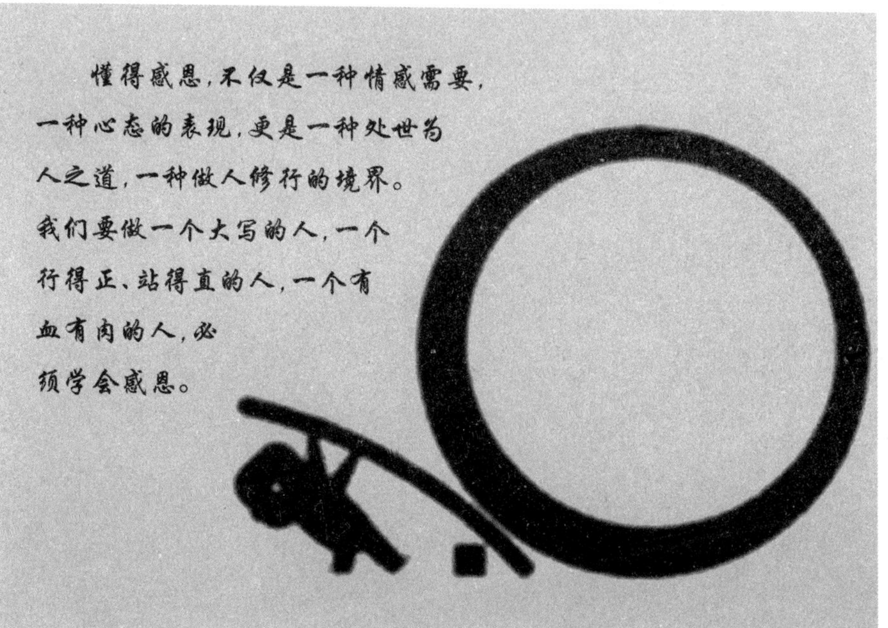
懂得感恩，不仅是一种情感需要，
一种心态的表现，更是一种处世为
人之道，一种做人修行的境界。
我们要做一个大写的人，一个
行得正、站得直的人，一个有
血有肉的人，必
须学会感恩。

孝敬是人生第一要义

古今中外，凡是能成就大事者无一不是孝子。因为他们的孝成就了他们身上的德，所谓厚德载物。孝为百德之首，要做人，首先要行孝。

父母给了我们身体，养育我们长大，教育我们做人，孝敬父母天经地义。鸦有反哺之义，羊有跪乳之恩，作为人，更应该孝敬父母。鲁迅说："不孝的人是世界上最可恶的人。"

我觉得判断一个人品德好坏的第一个标准就是看他是否孝敬父母，看一个人是否值得交往的第一个标准也是看他是否孝敬父母。一个孝敬父母的人，才是一个有道德的人，才是一个值得交往的人。一个连自己的父母都不孝敬的人，禽兽不如，他还会爱谁？

孝敬父母是中华民族的传统美德，古圣先贤对于孝多有论述。孔子曰："弟子入则孝，出则弟。"（《论语·学而第一》）意思是：少年弟子回到家里要孝敬父母，外出要敬爱兄长。

孟子曰："亲亲，仁也；敬长，义也。"（《孟子·尽心上》）意思是：敬爱父母亲，便是仁；尊敬兄长便是义。《孝经》中说："夫孝，天之经也，地之义也。"意思是：孝是天经地义的。《庄子》中说："事其亲者，不择地而安之，孝之至也。"意思是：做儿女的孝敬父母，不论在什么地方都尽自己的力量使父母安定幸福，这就是孝心的极致了。清代李毓秀的《弟子规》中说："父母呼，应勿缓；父母命，行勿懒。"意思是：父母呼唤，要赶快应答；父母有命令，应赶快去做。

中国古代二十四孝的故事，广为流传，在今天仍有现实意义。

传说中的远古帝王舜，他的孝感天动地，为我们树立了光辉的榜样。相传他的父亲瞽叟及同父异母弟弟象，多次想害死他：让舜修补谷仓仓顶时，瞽叟与象从谷仓下纵火，舜手持两个斗笠跳下逃脱；让舜掘井时，瞽叟与象却下土填井，舜掘地道逃脱。事后舜毫不记恨，仍对父亲恭顺，对弟弟慈爱。他的孝行感动了天帝。舜在历山耕种，大象替他耕地，鸟代他锄草。帝尧听说舜非常孝顺，且有处理政事的才干，便把两个女儿娥皇和女英嫁给他；经过多年观察和考验，选定舜做他的继承人。舜登天子位后，去看望父亲，仍然恭恭敬敬，并封象为诸侯。

在我们的老一辈无产阶级革命家中，许多人为我们留下了孝敬父母的佳话。像"陈毅探母"的故事，就特别令人感动。

1962 年，陈毅元帅出国访问归来，路过家乡，抽空去探望身患重病的老母亲。陈毅的母亲瘫痪在床，大小便不能自理。陈毅要亲自为母亲洗尿裤，母亲不肯，陈毅动情地说："娘，我小时候，您不知为我洗过多少次尿裤，今天我就是洗上 10 条尿裤，也报答不了您的养育之恩！"说完，陈毅把尿裤和其他脏衣服都拿去洗得干干净净。

陈毅元帅是个大人物，有繁忙的公务在身，但他不忘家中的老母亲，在百忙中抽空回家探望瘫痪在床的母亲，为母亲洗尿裤，以温暖的话语抚慰病中的母亲。虽然陈毅元帅为母亲所做的只是一些平常得不能再平常的小事，但从这些平常的小事，看出了他对母亲深挚的爱。他不忘母亲曾为自己付出的点点滴滴，理解母亲的艰辛和不易，知道报答母亲的养育之恩。他的一片孝心，值得天下所有儿女学习效仿。

古今中外，凡是能成就大事者无一不是孝子。因为他们的孝成就了他们身上的德，所谓厚德载物。孝为百德之首，要做人，首先要行孝。

但是，现在有一些同学就不注重孝行的修养，不懂得感恩父母，认为父母所有的付出都是应该的，从来不考虑父母的感受，时间长了，就养成了衣来伸手、饭来张口的恶习。有个别同学，因为父母不能及时满足自己的要求，就对父母不理不睬；更有甚者，还动手打骂父母。这是道德败坏的表现，这样的孩子，不会有出息，也永远成就不了大事。

做到孝敬，并不难，只要做到两个字就行。一是“敬”字，二是“顺”字。

敬，是敬重的意思。《论语·为政》中有一章说：“子游问孝，子曰：‘今之孝者是谓能养。至于犬马皆能有养，不敬何以别乎？’”孔子回答子游什么是孝的问题，意思是：孝的前提，是先敬重父母。对父母不敬重，让父母吃得再好，跟养狗养马又有什么区别呢？孟子讲：“孝子之至，莫大乎尊亲。”这两位圣人都强调对待父母要敬重。

顺，是遵从的意思，对父母孝，就要顺着父母的心意，不能跟父母对着干。

中国有一句古话：“树欲静而风不止，子欲养而亲不待。”意思是说：树想安静，可是，风总是不停地刮，它没法安静下来；儿女想孝敬父母，可是，父母快死了，等不了了。父母在时不孝敬，等他们去世了，又后悔莫及，那还有什么用呢？所以，我们现在就要孝敬父母，否则一切都要来不及的。

愿我们能以当年父母对待小时候的我们那样，耐心、体贴地对待渐渐老去的父母，体谅他们，以反哺之心奉敬父母，以感恩之心孝顺父母！从小事做起，从点点滴滴做起，哪怕只为父母端杯茶倒杯水、按摩酸痛的腰背，握着父母的手，跟父母聊聊天……让我们的父母幸福快乐地生活。

海纳百川，有容乃大

宽容大度者长立于世，心胸狭窄者难容于一室。如果你想将来有非凡的作为，需要培养的不只是能力，还有宽容大度的品质。

高中时期是青春的残酷时期，之所以残酷，是因为这个年龄段的学生易躁动，易动怒，易冲突。俗话说："冲动是魔鬼。"要使自己不冲动，少做傻事，平稳地度过青春期，就特别需要有包容之心，使自己成为一个有宽广胸怀的人。

一、宽容是最大的美德

子贡问曰："有一言而可以终身行之者乎?"子曰："其恕乎!"宽恕别人，才能与人友好相处，才能换取人心，从而造就自我。"海纳百川，有容乃大"，要有一颗容人容事之心。"君子坦荡荡，小人常戚戚"，要使自己成为一名正人君子。

有一个故事很感人。

前韩国总统金大中曾经遭受过严重的政治迫害，甚至被抓进监狱，判过死刑。在他当总统后，却一笔勾销了与政敌的仇恨，并留下遗书："不要报仇，让政治迫害到此为止。"原谅自己的政敌，是一种何等宽广的心胸?

的确，宽容大度者长立于世，心胸狭窄者难容于一室。如果你想将来有非凡的作为，需要培养的不只是能力，还有宽容大度的品质。如果你总是以敌视的眼光看人看事，对周围的同学充满了森严的戒备，对同学处处提防，不能宽大为怀，今天看这个同学不顺眼，明天与那个同学产生摩擦，同学都不愿与你相处，你就成了一个孤家寡人。

林肯在竞选总统前夕的一次参议院演讲中，遭到了一个参议员的羞辱："林肯先生，在你开始演讲之前，我希望你记住自己是个鞋匠的儿子。"听到这句带有挑衅性和侮辱性的话后，一般人会火冒三丈，奋起反击，而林肯先生是怎么做的呢？"我非常感谢你让我想起了我的父亲。说实话，我做总统不如我父亲做鞋子那样出色。"林肯又继续平静地说，"据我所知，我的父亲也为你的家人做过鞋子，如果不合脚我可以帮你修正。"听到这里，会场上响起一片掌声。事后有人问林肯："你为什么不想办法打击他，消灭他？"林肯回答："我难道不是在消灭政敌吗？当他和我成为朋友时我的政敌就不存在了。"说得多好呀，这才是一名政治家的风度和雅量！林肯去世后，他的纪念馆石碑上有这样一句话："对任何人不怀恶意，对一切人宽大仁爱。"

我们应该学习这种化干戈为玉帛的修炼，不要动不动就与同学闹矛盾，轻则破口大骂，重则动手动脚。同学之间没有解不了的怨恨，应当多体谅别人，即使受到别人的误解、指责甚至辱骂，也要用正确的态度、理智的手法妥善解决。有的同学经常骂人，甚至对同学大打出手，造成了严重后果，确实应当引以为戒，改邪归正。

遇到事情要理智对待，灵活处理，这是做人做事的一种重要的能力。春秋时期，楚庄王曾举办过一次熄灯舞会，在舞会上有位叫唐狡的大将因爱慕王妃许姬而心生邪念，骚扰许姬，被许姬当场撕掉了帽缨。楚庄王“不责小人过”，在亮灯前将所有在场的大臣的帽缨全部撕下，保护了唐狡的名誉和自尊。后楚庄王起兵攻晋，战势不利，一员大将奋力拼杀，救护楚庄王，这位大将就是唐狡。楚庄王以博大的胸怀换取了部下的舍命相报，放人一马等于为自己开辟了一条生路。

宋朝的吕蒙正，刚当了宰相，有人议论说：“这小子也配当宰相?”吕蒙正很清楚地听到了这种议论，但置若罔闻。有人气不过，为他打抱不平，想揪出那个人来理论一番，他劝解说：“你别追究那个人是谁了，因为知道是谁，难免不去想，其实，不知道他是谁，我有什么损失呢?”吕蒙正的气量真是应了那句话：“宰相肚里能撑船。”唐代的娄师德也是一个气量超人的人，有人骂他，别人转告于他，他说：“恐怕是骂别人吧，怎么会一定是骂我?”那人又说：“肯定是骂你，因为他是喊着你的名字骂的。”娄师德笑了笑说：“天下难道没有同名同姓的?他骂我，你来转述，等于重骂了我一次，不要再说了。”做人做到这种份上，真让人肃然起敬。

二、礼让能赚取人生

人与人之间的相处应当谦和礼让，争来争去不但伤了和气，而且伤了感情，伤了人心。老子曰：“天下莫柔弱于水（天下没有比水还柔弱的东西)，而强者莫之能胜（但是强大的东西却胜不了水)，以其无以易之（也没有什么能代替水)。”这说明做人处事有一种策略，那就是处柔弱、处忍让，也许能占上风、占主动。

清朝时的名臣张英，是安徽人，官至礼部尚书。有一天老家来信，说因为宅基地的事要与邻居打官司，张英回了一封信：“千里投书只为墙，让他三尺又何妨。万里长城今犹在，不见当年秦始皇。”家人看到信后，顿时醒悟，为免生是非，礼让了邻居，一时传为佳话。

山东青州市有一条巷子很出名，叫“伙巷”。原本也是两家争宅基地闹起了纠纷，后来互做让步，让出了一条巷子，也让出了让人感佩的品行。

人有时候不能只知进不知退，须知“退一步海阔天空”；也不能只会争不会让，谨记“让一让风平浪静”。

诚信是生存的重要法则

“人无信不立”。诚信乃做人之道，亦是经营之本，更是学生时代应当养成的优良品质。做人其实没什么技巧，重要的是待人诚实，要守信用，要让人信赖。

诚信是做人的根本，是培养健康人生的基础。大而言之，一个不讲诚信的人，是一个不被信任的人，是一个不能委以重任的人，否则，将有害于团体，有害于组织，有害于国家和社会；小而言之，一个不讲诚信的人，是一个没有道德的人，是一个人格不健全的人，不会获得人生的成功和幸福。林肯曾有句名言：“你能欺骗少数的人，但不能欺骗大多数的人；你能欺骗人于一时，你不可能欺骗人于永恒。”诚信品质对一个学生而言至关重要。

先讲一个小故事。

从前有 位贤明而受人爱戴的国王，把国家治理得井井有条，百姓安居乐业。国王的年纪逐渐大了，但膝下并无子女，这件事让国王很伤心。于是他决定，在全国范围内挑选一个孩子收为义子，培养成自己的接班人。

国王选子的标准很独特，他先给孩子们每人发一些花种子，然后宣布：谁用这些种子培育出最美丽的花朵，那么谁就成为他的义子。孩子们领回种子后，开始了精心的培育，从早到晚，浇水、施肥、松土，谁都希望自己能够成为幸运者。

有个叫雄日的男孩，也整天精心地培育花种。但是，十天过去了，半个月过去了，一个月过去了，花盆里的种子却连芽都没冒出来，更别说开花了。苦恼的雄日去请教母亲，母亲建议他把土换一换，但依然无效，母子俩束手无策。

国王决定观花的日子到了。无数个穿着漂亮衣裳的孩子们涌上街头，他们各自捧着开满鲜花的花盆，用期盼的目光看着缓缓巡视的国王。国王环视着争奇斗艳的花朵与精神焕发的孩子们，但他并没有像大家想象中的那样高兴。

忽然，国王看见了端着空花盆的雄日，他无精打采地站在那里，眼角还有泪花。国王把他叫到跟前，问他："你为什么端着空花盆呢?"雄日抽泣着。他把自己如何精心摆弄，但花种怎么也不发芽的经过说了一遍，还说，他想这是报应，因为他曾在别人的花园中偷过一个苹果吃。没想到，国王的脸上却露出了最开心的笑容，他把雄日抱了起来，高声说："孩子，我找的就是你!"

"为什么是这样?"大家不解地问。国王说："我发下的花种全部是煮过的，根本就不可能发芽开花。"捧着鲜花的孩子们都低下了头，因为他们全都另外找了种子。这个故事给我们的人生感悟是：诚实的人才值得信任，诚实的人才能得到好报。

李嘉诚是世界华人首富，他有什么特殊的成功之道呢？有，

那就是一个“诚”字。对此，他解释说：“我绝不同意为了成功而不择手段，如果这样，即使侥幸偶有所得，也必不能长久。”

李嘉诚最初办了一个塑胶厂，生产塑胶花。一次，有一位外商希望大量订货，提出的条件是要有资金雄厚的厂家作担保。李嘉诚白手起家，没有背景，他跑了几天，磨破了嘴皮子，也没人愿意为他作担保，无奈之下，李嘉诚只得对外商如实相告。

李嘉诚的诚实感动了对方，外商对他说：“从你坦白之言中可以看出，你是一位诚实君子，不必用其他厂商作保了，现在我们签约吧。”令人意外的是，李嘉诚却拒绝了对方的好意，他对外商说：“先生，能受到如此信任，我不胜荣幸之至！可是，因为资金有限得很，一时无法完成您这么多的订货。所以，我还是很遗憾，不能与您签约。”

不料，李嘉诚这番实话实说让外商内心大受震动，他没想到，在“无商不奸，无奸不商”的说法为人们广泛接受时，竟然还有这样一位“出污泥而不染”的诚实商人。他决定即使冒再大的风险，也要与这位具有罕见诚实品德的人合作一回。他对李嘉诚说：“你是一位令人尊敬的可信赖之人。为此，我预付货款，以便为你扩大生产提供资金。”这样，在外商的鼎力相助下，李嘉诚不仅扩大了生产规模，还拓宽了销路，他由此发展成为塑胶花大王。

“人无信不立。”诚信乃做人之道，亦是经营之本，更是学生时代应当养成的优良品质。做人其实没什么特别技巧，重要的是待人诚实，要守信用，要让人信赖。

那么，如何使自己拥有诚信的品质?

1. 自我道德建设。所谓道德建设，就是要树立正确的人生观、价值观，形成良好的品德和人格，尤其要使自己成为一个讲信用的人、让别人信赖的人。

2. 自我道德的改造。“人非圣贤，孰能无过”，“金无足赤，人无完人”。人不犯错是不可能的，犯了错要知错，要分析原因，要敢于纠正。要经常进行自我反思，要看到自己的错误，养成诚信的习惯。

3. 自我道德升华。要成为有德之人，必须注重提升自己的品质。《做人七品》中提出“生而为人不能没有品，没有品，生活就会与现实脱节，就会与良心相违背。人品是实现个人生命价值的关键，有品胜过有学，有德胜过有才，所以做人要有品格，做事要有品德，生活要有品位。”

中学时期是人生观、价值观的形成时期，一定要重视品质养成、道德修炼，使自己成为一个有道德的人、有品格的人。

让感恩的阳光照亮人生

懂得感恩，不仅是一种情感需要，一种心态的表现，更是一种处世为人之道，一种做人修行的境界。我们要做一个大写的人，一个行得正、站得直的人，一个有血有肉的人，必须学会感恩。

近些年，由于受多元文化的影响，中华传统美德也受到不同程度的冲击。其中，只知抱怨、不知感恩就是一个很严重的问题。媒体报道，四川一位退休教师捐助了几十名大学生，毕业后，与老人有联系的大学生却没剩几个。前不久，南京大学校园里贴出了一封署名为“心酸父亲”的来信，披露了一些学生只知向父母索取，甚至为了要钱物不惜“偷改入学通知书，虚报学费”的真相。这样的事情听来让人心酸，看了让人生气。在我们同学当中，感恩意识的缺失，虽属少数和个别现象，然而其影响却不容低估，其危害相当严重。

懂得感恩，不仅是一种情感需要，一种心态的表现，更是一种处世为人之道，一种做人修行的境界。我们要做一个大写的人，一个行得正、站得直的人，一个有血有肉的人，必须学会感恩。

一、感恩父母

“慈母手中线，游子身上衣。临行密密缝，意恐迟迟归。”父母的付出是难以计算、无法估量、不可想象的。从我们呱呱坠地，到我们长大成人，父母有多少个日子辛苦操劳？真是“可怜天下父母心”啊！

孟母三迁的故事大家耳熟能详，为了孟子能安心学习，孟子的母亲动了多少心思？周杰伦的一首《听妈妈的话》让人感动落泪，因为这首歌是用真心真情写成的。周杰伦自幼跟着母亲生活，他的母亲含辛茹苦把他养大，操碎了心。另一首歌颂父亲的歌，歌名就叫《父亲》，听了也让人百感交集，感动不已。朱自清先生笔下的《背影》，让多少人潸然泪下。对于朱自清而言，这是一个遗憾的回忆，“子欲养而亲不待”，纵有再多的深情，也比不上对父母的孝敬。

二、感恩老师

当今社会，许多人只把老师看作知识的传授者，在依靠老师获得了知识后，便将师恩置之脑后了。大家回想一下我们的学习历程，我们从幼儿园开始，有多少老师教导过我们，指导过我们？你还记得他（她）的名字吗？你还和他（她）联系吗？扪心自问，我们的老师曾给予过我们人间的大爱，但遗憾的是，我们中的有些同学不但忘记了老师的恩情，而且个别人还对老师心生怨恨。

三、感恩他人

古语云：“滴水之恩，当涌泉相报。”一个品行高尚的人，即便得到了别人很小的帮助，也会铭记在心，念念不忘，想办法予以回报。

《苦才是人生》中讲过一个故事：

有位国王到一个荒郊野外去打猎，因马突然受惊，陷在了荒野深处，迷失了方向。正在饥渴难耐之际，有一个人路过那里，将仅有的两颗油柑果分出一颗给了国王，并为他指明了回家的方向。国王回家后，对此人大加赏赐，待他如同王子一般。

世上这种情况很多，当别人困难时，要主动施以援手；当得到别人帮助后，要牢记恩情，永不忘怀，有能力马上报答就应马上报答，暂时没能力报答可以后再找机会报答。这才是做人应有的品性。

我们生活在世上，需要感恩的人很多，让我们常怀感恩之心，一起感恩父母、感恩师长、感恩朋友、感恩同学、感恩一切应当感恩的人，甚至感恩生活中的挫折。因为挫折会使我们变得坚毅顽强。

把谦虚作为进步的阶梯

毛泽东说："谦虚使人进步，骄傲使人落后。"

在中国的传统文化中，特别重视"谦"。《易经》被学者称作"群经之首"。在易经六十四卦当中，就有谦卦的六爻"非吉则利"，且《易经》中许多卦对谦都很重视，重谦思想可谓贯彻《周易》始终。从中国儒释道对谦的态度，也可以看出中华民族的传统始终推崇"谦"。

在世界文明古国中，中国是最早提倡谦虚的国家。在中国最早的经典之一的《尚书·大禹谟》中就有了"满招损，谦受益，时（是）乃天道"的教导，这里把自满和谦虚提到了天道的高度，可谓重视有加。它告诉人们骄傲自满有害，谦虚谨慎有益。

《孟子》中有这样的话："子路，人告之以有过，则喜。禹闻善言，则拜。大舜有大焉，善与人同。舍己从人，乐取于人以为善。"这里面孟子提到了三个人，他都非常推崇。

其一是子路。他是孔子的学生，豪爽，侠义，"闻过则喜"——听到别人讲自己的缺点就非常高兴。这是难能可贵的。一般人是闻过则怒，听到别人讲自己的过错会非常生气，即使不生气，也会想办法找借口搪塞。相比之下，子路就非常谦虚。

第二个人是大禹。"闻善则拜"——听到有价值的话语，就向人拜谢。大禹是何等聪明的人，但他能够听到有价值的话就主动向别人拜谢，表现得何等谦虚！

第三个人就是大舜，“善与人同”。什么是“善与人同”？即善是从别人的身上学来，然后自己去实践，做的时候，让别人知道自己的长处是跟他学的。所以，大舜走到哪里都受到欢迎和肯定。老百姓喜欢跟着他走，不到三年就建成了一座城，又过了三年就变成了一个国家了。所以，尧能够肯定他，欣赏他，把自己的位子禅让给他，就因为他谦虚。

成功的人物，没有不谦虚的。在古圣先贤那里，我们随处可见谦虚的事例。

我们知道孔子很伟大，他是儒家的宗师，伟大的思想家、教育家，自己亲自教授学生六艺，被称作“圣人”。他却讲“三人行，必有我师焉”，还主动从鲁国到周朝京都洛阳去拜老子为师，学习古代的礼制。回到鲁国后，孔子的学生们请求他讲解老子的学识，孔子说：“老子博古通今，通礼乐之源，明道德之归，确实是我的好老师。”同时，他还打比方赞扬老子，说：“鸟儿，我知道它能飞；鱼儿，我知道它能游；野兽，我知道它能跑。善跑的野兽我可以结网来逮住它，会游的鱼儿我可以用丝线缚在鱼钩上钓到它，高飞的鸟儿我可以用良箭把它射下来。至于龙，我却不能够知道它是如何乘风云而上天的。老子，其犹龙邪！”

被称作“汉初三杰”的张良，为汉王朝的建立立下了汗马功劳。刘邦曾说：“运筹帷幄之中，决胜千里之外，吾不及子房（张良）也。”作为皇帝能这样称赞张良，一方面说明刘邦谦虚，同时也说明张良伟大。苏轼在《留侯论》中写道：“天下有大勇者，猝然临之而不惊，无故加之而不怒。此其所挟持者甚大，而其志甚远也。”对张良也是佩服有加。张良能够有这样大的成绩，与他的谦虚好学有直接关系。张良拜师圯上老人的故事就充分说明这一点。

《史记·留侯世家》这样记载：

张良闲暇时徜徉于下邳桥上，有一个老人穿着粗布衣裳，走到张良跟前，故意把自己的鞋甩到桥下，看着张良对他说：“小子，下去把鞋捡上来！”张良有些惊讶，也有些愤怒，因为见他年老，勉强忍了下来，下去捡来了鞋。老人说：“给我把鞋穿上！”张良就跪着替他穿上鞋。老人笑着离去了。张良十分惊讶地目送着老人渐渐远去的身影。老人离开了约有一里路，又返回来，说：“你这个孩子可以教导教导。五天以后天放亮时，跟我在这里相会。”张良觉得这件事很奇怪，但还是说：“嗯。”

五天后的拂晓，张良来到那里。老人已先他而至，生气地说：“跟老年人约会，反而后到，为什么呢？”老人离去，并说：“五天以后早早来会面。”五天后鸡一叫，张良就去了。老人又先到了那里，又生气地说：“又来晚了，这是为什么？”老人离开时说：“五天后再早点儿来。”五天后，张良不到半夜就去了。过了一会儿，老人也来了，高兴地说：“应当像这样才好。”老人拿出一部书说：“读了这部书就可以做帝王的老师了。十年以后你就会发迹。十三年后你到济北见我，谷城山下的黄石就是我。”说完便走了，张良从此也没再见到这位老人。

天明时，张良一看老人送的书，原来是《太公兵法》。张良特别高兴，后来认真研读黄石老翁授予的那部兵法，真的当上了

汉高祖刘邦的高级参谋。如果当初张良见了圯上老人表现出稍微的不谦恭，就不会得到兵书，也就很难有以后的张良。

与谦虚态度相反的就是骄傲。毛泽东说：“谦虚使人进步，骄傲使人落后。”

中国人因骄傲而失败的人不胜枚举。像“力能扛鼎”的项羽，曾经指挥着雄师数十万，破釜沉舟，令秦王朝胆战心惊，让各路诸侯皆俯首称臣，让鸿门宴上的刘邦谨言慎行。但是，由于骄傲跋扈，不到五年的时间就众叛亲离，被刘邦打得四面楚歌，无颜见江东父老，只好乌江自刎。

说到蜀汉政权的缔造者，人们自然忘不了刘备、关羽和张飞，这三个桃园兄弟，在创业初期，的确能够屈身于人，礼贤下士，做出三顾诸葛亮于草庐的举动；但是当他们站稳了脚跟，坐上高位之后，就骄横跋扈起来，动辄打骂惩罚自己的部属，以至于听不进别人的意见，自取失败。

比如关羽，的确是有万夫不当之勇，曾经手持青龙偃月刀，诛文丑，斩颜良，过五关斩六将，单刀赴会到吴国，自认为在所有人之上。当马超投奔刘备时，关羽别的什么都不问，只写信去问诸葛亮，谁人可以与自己相比。诸葛亮知道关羽争强好胜的心理，回信说：马超文武全才，雄烈过人，“犹未及髯（关羽被称为美髯公）之绝伦逸群”。关羽看信后，十分高兴，而且拿出来给宾客们看，自我炫耀一番。

孙权为了巩固孙刘联盟，曾派专使前往荆州，为自己的儿子向关羽之女求婚，关羽却说：“虎女焉能配犬子。”这引起了孙权的极大反感，孙刘联盟从此破裂。孙权正是利用了关羽“颇自负，好凌人”的弱点，派当年的“吴下阿蒙”袭取了荆州。

关羽对于自己的部属，也是威多恩少。所以在他被“水淹七军”的胜利冲昏头脑，孤军深入，败走麦城时，连刘备的亲属也坐视不救，以致全军覆没。

张飞也因为骄横自大，动辄打骂鞭笞士卒，被部下所杀。一向被称为“仁厚长者”的刘备，在称王后就不再听从劝谏，甚至连诸葛亮的话也当作了耳旁风，盲目发动夷陵之战，以至于被年轻的陆逊火烧联营七百里，遭到猇亭之败，把蜀汉多年积攒的家业损失大半，自己也病死白帝城。

人取得了成绩难免会骄傲。为此，1949 年 3 月，新中国即将成立之际，毛泽东在中国共产党于西柏坡召开的七届二中全会上的讲话中指出：“中国的革命是伟大的，但革命以后的路程更长，工作更伟大，更艰苦。这一点现在就必须向党内讲明白，务必使同志们继续地保持谦虚、谨慎、不骄、不躁的作风。”我们要牢记这一教导，保持一颗真诚的心，在知识的海洋中奋勇搏击，去收获属于我们的累累硕果。

善是做人的根本

如果我们不对自己的人性加以滋养，放任良心泯灭，那么人间的所有美好就不存在了。

“善”的字面意思是善良，与“恶”相对，指品德好或言行好。还有“和好”的意思，比如友善。后一个意思可看作是前一个意思的引申义。做人应做一个好人，这是尽人皆知的道理，这是做人最起码的要求。一个没有善心和善行的人，即使才华再高，也算不得一个好人。

在古代中国，从文学艺术到学习读物，再到口口相传，善，一直是最基本的教育内容，造就了中华民族的向善、行善的品格。在当下，尽管社会演进，改革开放，物质发展与文明进步到相当高的一个阶段，但对善的追求仍然是人类追求的第一选择。一个不善良的人，在社会上不会受欢迎，不会有作为，不会有前途。

《老子》中说：“上善若水。水善利万物而不争，处众人之所恶，故几于道。”意思是说，高层次的善，就像水一样，滋养着万物而不图回报，丝毫不计较私利。这种不争的高度为众人所赞赏，因此就接近于道了。这里，善被赋予了不能再深的含义。

水，太能说明善的高层次了，不计较，不自私，默默奉献，一切生灵都离不开它。水那么清纯，那么富有营养，有那么宽阔的胸怀。有这样风格的人，人们往往以为他太傻，甚至厌恶他，而其实，这才是做人的根本。

由“上善若水”，想到了我市著名的珍珠泉。珍珠泉位于我市西南部的雹泉村，在汉代，这一地区自然灾害泛滥，经常出现雹灾或旱灾，老百姓饥寒交迫，生活于水深火热之中。东汉大将军李左车来到此地，放粮济困，掘地成泉，造福一方，泽被后世，被后人奉为“雹泉爷爷”。传说李左车从小善良，视钱财为身外之物，有人上门乞讨，他总是把家中最好吃的东西拿出来供人享用；每遇不好年景，他总是在路口支起粥棚，向路人舍粥。有一年，南方一支商队因天下大雨，滞留在雹泉，李左车不仅供他们吃住，临走时还赠送了路资。多少年过后，每当雹泉庙会之时，仍然能见到南方的客人千里迢迢来为李左车上香祭拜。我们有这样善良的先人，作为这方热土上的后代子民，应当循善良之道，存善良之心，成善良之人。

道家倡导善良，儒家更是以善为本。《孟子》中有这样一段话：“以善服人者，未有能服人者也；以善养人，然后能服天下。天下不心服而王者，未之有也。”意思是说，单凭善就想使人心服，是不能使人心服的；要用善去培养教育人，才能使天下的人心服。天下的人不心服而想统一天下，这是不可能的。所以，关键是以善养人，劝人向善。如果我们不对自己的人性加以滋养，放任良心泯灭，那么人间的所有美好就不存在了。

有这样一个生活小品，幽默而亲切，让人感受到心地善良的可爱，品味出善良做人的美好：

在一家餐馆里，一位老太太买了一碗汤，在餐桌前坐下，突然想起忘了取面包。她取了面包，重又返回餐桌，却发现自己的座位上坐了一个看似贫穷的黑人，正在喝自己那碗汤。“他无权喝我的汤”，老太太寻思，“可是，或许他太穷了，就算帮助他吧。不过，不能让他一个人把汤全喝了”。于是，老太太拿了汤匙，与黑人面对面坐下，不声不响地开始喝汤了。那位黑人想：“这位老太太怎么喝我的汤？也许老无所养，是个乞丐吧！救济老人，天经地义，两人一起喝吧。”就这样，一碗汤被两人共同喝着，两个人都默默无语。

过了一会儿，黑人想，也许老太太饥饿了，只喝汤怎么能行？于是，站起身，端来一盘面条，放在老太太面前，面条里插着两把叉子。

两个人继续吃着，吃完了，各自起身，准备离去。老太太突然发现旁边一张餐桌上，摆着一碗汤，一碗显然被人忘了喝的汤……

《水木格言》中说：“不管是出家在家，不论是高贵贫贱，心地善良都是做人的根本。”人的善恶在一念之间。善念一闪，成就一生；恶念一现，万劫不复。

《了凡四训》中记载：当年吕洞宾跟汉钟离学点铁成金术时，汉钟离告诉他：点铁成金可以济世，可以帮助很多贫困的人。吕洞宾问：“此金以后会不会变成铁?”汉钟离回答：“五百年后，铁会恢复原形。”吕洞宾想了想，说：“如果这样，会害了五百年之后的人，我不能这样做，所以不学了。”汉钟离听了后，赞叹道：“修仙本要积累三千功德，你有这样的善心，三千功德已圆满了。”吕洞宾善念一闪，得道成仙。

《德育书签》中说，福建有个姓李的人赴京赶考。将到衢州时，土地神托梦给一家店主：“明天有个李姓秀才要来，他才识渊博，肯定高中，你好好接待。”当李姓秀才来后，店主殷勤接待，并送给他路上吃的干粮，还备了车马为他送行。李秀才问为什么对他这么优待，店主把土地神托梦的事告诉了他。

李姓秀才听了后，非常高兴，晚上暗自琢磨，我妻子相貌太丑，一旦我高中做了官，她怎么配当官太太？如果我高中，应当换一个漂亮点的老婆。

李姓秀才走后，土地神很生气，又托梦给店主说：“那个秀才居心不良，功名还没成就，就想换老婆。如果让他考中了，受苦的就不仅是他老婆了，还有他治下的百姓。现在他已经没希望考中了，再来时，你不用理睬他。”

李姓秀才考后再来时，店主对他十分冷淡。秀才不明就里，店主解释了原因，李姓秀才十分愧疚，灰溜溜地走了。后来，这个人果然一辈子没获得功名。一次恶念，坏了一生的命运。

我们应当从青少年时期就要养成善良的品性，所有的思想从善意出发，所有的念头不怀恶意，说话从善，做事从善，成为一个善良之人。

做人要仁厚

有人说，最好的说话之道，不是学习怎么说话，而是学习怎么做人。言为心声，做人仁厚，就算说话拙笨一点，大家也喜欢他；如果不仁厚，再会说话，蒙骗了别人一时，蒙骗不了别人一世。

中国传统伦理思想中，流传最广泛的是“三纲五常”之说，其中的五常是指“仁、义、礼、智、信”，它们构成了个人修养的基本准则，并逐渐成为古人的一种人生追求和儒学信仰。而“仁”为五常之首，它的意义主要体现在同情、友爱、厚道上，可以用“仁厚”来概括。

“仁厚”是儒学的核心内容，是一种可贵的做人修养，是一种至高的做人境界。据统计，“仁”仅在《论语》中就出现了109次，如“不仁者不可以久处约，不可以长处乐。仁者安仁，知者利仁”，再比如“知者乐水，仁者乐山；知者动，仁者静；智者乐，仁者寿”等等。《论语》对“仁”的重视不同寻常，对“仁”的阐释不厌其烦，始终把仁厚作为一个人安身立命的基础，作为完善人生的前提。

做人要仁厚，发自内心，动之于行。首先，说话要仁厚。同学之间说话要和气，不能以言语伤害他人。有的同学喜欢讽刺、挖苦、讥笑他人，认为任何人也比不上他，经常拿同学当笑料，同学都不愿和他说话。有的同学言语刻薄，遇到同学做好事，说上几句风凉话；遇到同学有倒霉的事，不是同情劝慰而是幸灾乐祸。有的同学不从正面看待问题，总是用阴暗的心理猜度他人，对同学做的事动不动说三道四，时不时评头论足。还有更不仁厚的同学，在网络上实施语言暴力，打击别人，侮辱他人，平日里与同学交往也是出言不逊，恶语相加。这样的同学真是有失仁厚，素质低下。

明朝汶州有位姓王的先生，喜欢指责别人的过失。邻居死了儿子，他竟然说："因为你造孽深重呀，报应呀。"他的族兄考试名列四等，他指责说："文章这么荒谬，怎么能有好成绩?"

过了一段时间，这两种情况都在他的生活中出现了。先是考试只考了个五等，在他灰心丧气之时，人们给他送去了鼓励和安慰，让他重拾信心。后是他的儿子也得病死了，左邻右舍纷纷帮助他处理后事，安抚他那颗受伤的心。这让他既为自己以前说过的话后悔，也为他以后仁厚做人痛下了决心。

我们同学之间也经常会出现一些不顺心的情况，当别人遇到难处时，我们不但不能说一些让别人更加伤心难过的话，相反要用温暖人心的话来宽慰同学。这样，当你遇到不顺时，才能更多地得到别人的同情和帮助。就是在这样心灵与心灵的感动之中，我们才能具备仁厚的心肠。

的确，嘴下留情，口下有德，才是仁厚之人所为。有人说，最好的说话之道，不是学习怎么说话，而是学习怎么做人。言为

心声，做人仁厚，就算说话拙笨一点，大家也喜欢他；如果不仁厚，再会说话，蒙骗了别人一时，蒙骗不了别人一世。

做人要仁厚，更多的是对做事的要求。我们先来看两则故事：

南宋有一个叫沈道虔的人，家有菜园，种有萝卜。这天，沈道虔从外面回家，发现有一个人正在偷他家的萝卜，他赶紧回避开，等那人偷够了走后他才出来。又有一次，有人拔他屋后的竹笋，沈道虔就让人去对拔笋的人说："这笋留着，可以长成竹林。你不用拔它，我会送你更好的。"他让人买了大笋去送给那个人，那个人因羞惭而没有接受。沈道虔就让人把笋直接送到了那个人的家里。沈道虔家贫，常带着孩子到田里拾麦穗。偶尔遇上其他拾麦穗的人相互争麦穗，他就把自己拾到的全部给争抢的人，争抢的人十分惭愧。

曹操的曾祖父曹节素以仁厚著称乡里。一次，邻居家的猪跑丢了，而此猪与曹节家的猪长得一模一样。邻居找到曹家，说那是他家的猪，曹节也不与他争，就把猪给了他。后来邻居家的猪找到了，知道搞错了，就把曹节家的猪送回来了，连连道歉，曹节只是笑，并没有责怪邻居。

这两则故事中的古人，沈道虔"纵容"小偷偷他家的萝卜，曹节不点破邻居的错误，表面看，他们是非不分，软弱可欺，但实际上，却显示出了仁厚的为人。偷萝卜、拔笋、争麦穗，是不好的行为，但也是人穷家贫的无奈，何必深责？替他掩饰几分，反倒能使他自惭改过。邻居错认猪，尽管有自私的一面，但丢失猪对一般人家来说也算是大损失，能够认错，也可以原谅。古人一心为他人着想，宁肯自己吃亏，正是胸襟宽广、与人为善的体现。

需要明确的是，我们对待同学、朋友的一般过错采取平和的方式处理，是为了不伤害他们的自尊心，不使事情恶化，让他们自我反省，自我改正；但绝不是对坏人坏事姑息纵容，更不能包庇犯罪。两者不能混为一谈。

从古至今，仁厚之心永存。我们也应当胸怀仁厚之心，修炼仁厚之心，以仁厚之心树人立世。只有这样，世界才能和谐，生活才会美好。让我们一起做个仁厚之人吧！

我心有主

在现实生活中，在人生道路上，在物欲诱惑前，我们一定要坚守自己的做人准则和道德底线，不为外物所动，遵从着自己内心最真实的召唤。

元朝初年，怀州河内（今河南省沁阳）人许衡，品行高洁。他小的时候，正是蒙古灭金、灭宋的战乱年代。一个炎热的暑天，许衡和一些人逃难经过河南的河阳县，一路上没水喝，嗓子直冒烟。突然，有人发现前面路上有一棵梨树，上面硕果累累，同伴们争先恐后地跑去摘梨吃。唯独许衡一人端坐树下看书，像没有看到梨子一样。有个同伴不解地问："这梨刚熟，甘甜可口，吃了真解渴，你怎么不摘个来吃？"许衡答道："这梨树不是我家所有，不能随便摘人家的东西。"同伴劝他说："现在兵荒马乱，人们死的死，逃的逃，这树是没有主人的。不用担心，快吃吧！"许衡说道："梨虽无主，我心有主。"结果，他一个梨子也没吃。

在众人纷纷摘梨解渴时，能做到"梨虽无主，我心有主"，绝不随波逐流，谈何容易？为何许衡可以忍受干渴而不去摘无主的梨呢？因为他心中装着做人的准则和道德的底线。

德国哲学家康德说过：“有两种东西，我对它们的思考越是持久和深沉，它们在心中唤起的惊奇和敬畏就会日新月异，不断增长，这就是我头上的星空和心中的道德定律。”许衡在兵荒马乱的年代，即使渴得嗓子冒烟也不去摘无主之梨，这就是他内心的道德定律和做人原则规范着他，约束着他。

“天地之间，物各有主，苟非吾之所有，虽一毫而莫取。”苏轼在《赤壁赋》中如是说。这位大词人在取舍天地万物时做到了“我心有主”。

汨罗江畔，一个孤单的身影由浓雾中显现，来者锦衣佩剑，仪表堂堂，但眉宇间却带几分愁苦，他正是被排挤至此的楚大夫屈原。他高吟“长太息以掩涕兮，哀民生之多艰”，“日月忽其不淹兮，春与秋其代序；惟草木之零落兮，恐美人之迟暮”，“亦余心之所善兮，虽九死其犹未悔”。虽然他忠心耿耿，但面对的是昏庸的君王和奸佞的小人。面对君王的猜疑、谤者的非议、小人的谄媚和苟延残喘的楚国，屈原踽踽独行，奔走在一条拯救国家危难、民族危亡的不归之路上。

当秦国攻破楚国的郢都，他才意识到自己的寡不敌众，众人皆醉而唯有自己独醒，苟活于世又有何意义？于是他义无反顾地纵身跳进滚滚的汨罗江中，完成了自己人格的升华。“屈原词赋悬日月，楚王台榭空山丘”。屈原坚守高洁的心灵，昭示了他的忠贞，赢取了身后的万古流芳。

陶渊明少时就有壮志，“少时壮且厉，抚剑独行游”，他做过官，却受不了官场腐气，不肯低下自己高贵的头颅，他向往“采菊东篱下，悠然见南山”的田园生活，于是他挺直腰板，不愿为五斗米折腰，毅然辞官归隐。李白也厌恶官场生活，折羞权贵，率性而为，吟唱着“安能摧眉折腰事权贵，使我不得开心颜”的清音，离开了宫廷，走向名川大山，让山水田园滋养自己的心灵。是他们心中的清高、正直与不屈才支撑起他们挺直的腰板。陶渊明和李白心中皆有“主”。

感动中国人物——日本著名律师尾山宏，一位七十余岁的老人，用自己大半生的时间对日本政府侵华战争的罪行进行着不懈的追问。在他身上，我们看到了跨越国家和民族的正义力量，这力量启示人们，在捍卫正义的道路上，人们可以超越一切界限，而唯一不能失去的就是正义。

“心有良知璞玉，笔下道德文章。一介布衣，言有物，行有格，贫贱不移，宠辱不惊。”这是“2006 年感动中国十大人物”评选会上赋予季羡林先生的颁奖词。季老为人所敬仰，不仅因为他的学识，更重要的是，无论在任何条件下他都不会丢掉高尚品格。他在“文革”期间仍坚持偷偷地翻译印度史诗，还完成了《牛棚杂忆》一书。他自己说：“即使在最困难的时候，也没丢掉自己的良知。”季羡林和许多坚守心中的做人准则的知识分子一样，成为推动历史河流滚滚向前的不可忽视的力量。

“上帝造人”和“地心说”禁锢着人们的思想，但有一人始终坚持哥白尼的“日心说”，即使受到教会的疯狂镇压，也始终能够做到心中有“主”。纵使受尽酷刑，被火焚烧，也至死不渝。粉身碎骨浑不怕，要留真理在人间。他就是布鲁诺。

伟大的化学家居里夫人为人类的发展做出了卓越的贡献，放射性元素镭的发现，开创了化学时代的新纪元。之后，当核武器的研制开始时，她却毅然决然地为人类和平而反对此种研制。她本可以因此而名利双收，但因为一颗爱好和平的心，因为自己的人生准则，她放弃了巨额财富。1962 年她又将这一技术无条件地捐献给中国人民，让我们能够对核能和平利用与开发。无私的情怀和正义之心，使居里夫人成就了一代科学家服务社会、造福人类的伟大梦想。

老子固守淡泊的操守，“处无为之事，行不言之教”；孔子以儒家道德规范约束自己，固守仁爱的操守，“仁者安人，智者利智”，坚决不饮盗泉之水；孟子固守正义的操守，“富贵不能淫，贫贱不能移，威武不能屈”，坚决不食嗟来之食；李春燕扎根于苗乡大山，赤脚奔波于救死扶伤的路上，似一轮明月，撒播仁爱的光辉；徐本禹抛开世俗名利的诱惑，援教西藏，一教就是七八年……这些有道德的人能够固守心中之主，成为了“中国的脊梁”，彰显出巨大的人格魅力。

“我心有主”是人生的一种境界，慎独与自律方能彰显人最崇高的品质。在现实生活中，在人生道路上，在物欲诱惑前，我们一定要坚守自己的做人准则和道德底线，不为外物所动，遵从着自己内心最真实的召唤，沿着自己既定的路线前行，活出自己的真实，活出自己生命的精彩。

养成果敢品质

人生应该思考，但绝不该犹豫。面对十字路口的时候，不该没有选择，只要认清方向，就该放胆前行，犹豫只会让人胆怯。

果敢的意思是当机立断，敢作敢为。敢于做出决定，并且能够积极地实施，是一种良好的品质。对于中学生来说，能够主动做决定并将之付诸实践，意义重大。一个人能否成功，很大程度上取决于他的决心和行动。因此，一定要培养这种意识，并形成敢作敢为的能力。

先给大家讲一讲赤壁之战中几个关键人物的表现。

战前，鲁肃向孙权提出了借慰问刘表的两个儿子之机安抚刘表部下共同抗曹，并劝说刘备加盟抗曹的计策，指出“如果这件事能够成功，天下大势可以决定了。现在不赶快前去，恐怕就被曹操占了先”。听到了提议后，孙权没有任何犹豫，即刻派鲁肃前往。孙权在这件事上表现得十分果断，为赤壁之战赢得了先机。

当鲁肃见到刘备说明来意后，刘备犹豫不决，而诸葛亮异常

果断，在柴桑会见了孙权，并极力劝说孙权联合抗曹，孙权在主和派与主战派争论不休时当机立断，召回在外训练水军的周瑜，任命他为大都督，撕掉曹操的劝降书，决定与曹操展开决战，结果在赤壁大战中大败曹操，奠定了三国鼎立的局面。

诸葛亮和孙权在关键时刻都表现得特别果敢，敢于决策，敢于担当，敢于做事，最终取得成功。

天下最可悲的一句话是：当时真应该那么做，但却没那么做。经常听同学们说："当初如果我重视某一学科的学习，早不是现在的成绩了。"因此，你想进步，只要想到了，就果敢地去做，马上行动。英国前首相笛斯瑞利曾指出："虽然行动不一定能带来令人满意的结果，但不采取行动就绝无满意的结果可言。"

再说一说官渡之战中的几个关键人物的表现。

当时曹操只有三四万人马，袁绍精兵十万，可谓敌众我寡，但是曹操没有犹豫，也没有退缩，而是果敢地做出迎击袁绍的部署。在战役发起后，曹操两次接受荀攸和荀彧的建议，表现得英明果断。而反观袁绍，却像曹操评价的那样："色厉胆薄，好谋无断，干大事而惜身，见小利而忘命。"在曹操的眼里，袁绍虽然貌似强大，却因为"好谋而无断"而变得不堪一击。

事实正是这样，袁绍屡拒部下的正确建议，迟疑不决，一再错失良机；终致粮草被烧，后路被抄，全军溃败。

四渡赤水是中国工农红军在长征中的经典战役之一，四渡赤水建立的奇功，是毛泽东等老一辈无产阶级革命家果敢决策的结果。毛泽东曾说，四渡赤水是他一生中的“得意之笔”。而美国作家哈里森·索尔兹伯里在他所著的《长征——前所未闻的故事》中写到：“长征是独一无二的，长征是无与伦比的。而四渡赤水又是长征史上最光彩神奇的篇章。”

四渡赤水之所以光彩神奇，主要原因在于毛泽东根据情况的变化，或进或退，果断决策，灵活地变换作战方向，为红军赢得了时机，创造了战机，牢牢地掌握了战场上的主动权，从而摆脱了敌人的围追堵截，粉碎了敌人妄图围歼红军于川、黔、滇边境的计划，使中央红军在长征的危急关头，从被动走向主动，从失败走向胜利。

生活中，很多同学因为缺少果敢地作决定的勇气，总是被懦弱的性格所掌控。一事当前，犹豫不决，拿不定注意；遇到困难，左顾右盼，无所适从。以至于优柔寡断，不敢决定任何事情，不敢担负起应负的责任。之所以这样，是因为他们缺少勇气，缺少自信，常常对自己的判断产生怀疑，不敢相信自己能解决重要的事情。正是由于犹豫不决，许多同学失去了很多机会，同时也使自己的许多美好愿望无从实现。

当代著名教育改革家魏书生在他的《把犹豫推到一边去》一书中曾讲到他的一个学生，做什么事都犹豫，想做又不敢做，想马上做又想明天做，弄得时间没了，事情却越积越多。这位学生自己写道：“我写作业，做练习，写日记，总是先犹豫很长一段时间，实在拖不过去了才做，有时已经没有时间了，只好拖到第二天、下个月，越推越多，就更不愿做了。”可见，没有果敢能力，不能及时决定自己做什么，就会让时间白白溜走，机会白白错过。

有一位西方的年轻学者，从小就好学上进，工作后更是整日埋头苦读哲学著作，于是得到了一位大哲学家的青睐。有一天，这位大哲学家对他说：“把你的思考写下来，我做你的导师指点指点你吧。”而这位年轻的学者，犹犹豫豫地思考来比较去地在那儿琢磨。犹豫了多年，他终于定下来了，然后去寻找那位大哲学家。人们却告诉他，大哲学家已经死了。年轻学者回家后，后悔不已。临死的时候，他焚掉所有的书稿，只留下两句话：前半生不犹豫，后半生不后悔。

我们要培养果敢意识，养成及时决策的习惯，就要打败犹豫不决这个敌人。有人曾将2500位遭受失败的人的经历加以分析后，指出了一个事实：“犹豫不决”在失败的31项重大因素中，名列前茅。

俗话说得好：“机不可失，时不再来。”在患得患失之后你会发现机会已经溜走了，再埋怨和懊恼又有什么用呢?

人生应该思考，但绝不该犹豫。面对十字路口的时候，不该没有选择；而只要认清方向，就该放胆前行，犹豫只会让人胆怯。

拿不定主意，优柔寡断，关键时候不能及时决策，会破坏一个人的自信心，破坏一个人的判断力，让你永远陷入向左走还是向右走的两难境地。

“世上本无路，人走得多了便成了路”。既然这样，还犹豫什么？每一段路的终点都是一个新的起点，当你决心打算走出犹豫不决怪圈的时候，请不要犹豫。开满鲜花的路上或许有陷阱，荆棘密布的山路总是让人望而生畏；平坦宽阔的道路可能没有风景，杂草丛生的野径或许潜藏着毒蛇……不同的人生选择会有不同的人生境遇，但是，不同的人生境遇也必定会让人拥有不同的人生收获。

◎会学才能赢

学习五问

要通过高中阶段的学习，把自己培养成一个大写的人，一个真正的人，一个有道德、有修养、讲文明、讲纪律、讲公德的优秀公民。

任何一个学习者都要面对以下五个关于学习的疑问：为什么学，学什么，怎样学，学得怎么样，学了干什么。下面，我和同学们一起探讨一下。

一、为什么学

学习的目的有很多，有的为国家进步、民族发展而学，有的为报答父母、光宗耀祖而学，有的为改造命运、成就未来而学，等等。这些大的学习目标我们暂且不论，我要强调的是小的学习目标，每一个阶段，每一门课程，每一个模块，要务必做到有目的地学，有计划地学。特别是在课堂上要知道为什么学，做到自信地学，阳光地学。

二、学什么

每个同学可能处在不同的学习层次上，基础不同，能力差异，决定了会有不同的学习起点。你的起点在哪里？这是首先要弄明白的一个问题。一个人有一个人的特点，每个人可能有并不相同的爱好，怎样结合自己的特点和爱好，实现有个性地学，这也是应当考虑和解决的一个问题。一个章节，一个模块，甚至于一门课程，有些知识掌握得好，有些知识有漏洞，就要有所侧重，有所取舍，实现有选择地学，选择自己的难点、易错点、模糊点学，查漏补缺地学，有针对性地学，这是学科均衡发展、全面提升竞争力的关键。

三、怎样学

学习方法有好多，对你而言，最有效的方法是什么？新课程背景下的教学改革，倡导自主地学，探究地学，合作地学。你如何自主地学，怎样进行探究，遇到问题找谁帮助，你帮助谁，怎么帮助，如何实现互助、合作地学，这些都是学习中亟待解决的一系列问题。

四、学得怎么样

你的课堂检测达标程度怎么样？你的模块检测成绩如何？你为学业水平考试和高考做好了知识上、能力上的准备了吗？这些都需要总结和反思，需要诊断和分析，并通过这些工作，实现高效地学，有收获地学。

五、学了干什么

国家规定的三维学习目标是：知识，能力和情感、态度、价值观。一般的同学眼睛只盯在知识和能力上，而忽视了情感、态度、价值观的目的达成。高中阶段是人生学习的奠基阶段，知

识、能力固然重要，但情感、态度、价值观这些影响你一生发展的东西更加重要，一定不能有所偏废。要通过高中阶段的学习，把自己培养成一个大写的人，一个真正的人，一个有道德、有修养、讲文明、讲纪律、讲公德的优秀公民。

你在学习中有这样的理解吗？有这样的思考吗？有这样的醒悟吗？有这样的进步吗？

三字学习策略

找到属于自己的、适合自己的、更加高效的学习策略。

早在多年以前，联合国教科文组织就提出一个著名论断：未来的文盲，不是不识字的人，而是不会学习的人。学习要有收获，有效益，必须讲规律，讲方法，讲策略。今天，我介绍三个字的学习策略。

一、“早”字

学习的竞争首先体现在一个“早”字上。去过绍兴到过鲁迅当年读书的“三味书屋”的人，头脑中会留有对鲁迅当年用过的书桌的强烈印象，因为那张书桌上被当年的鲁迅刻上了一个大大的“早”字。可见，当年的鲁迅钟情于一个“早”字，而正是这个“早”字激励鲁迅努力读书，为鲁迅的成长注入了巨大的动力。

学习，的确应得益于一个“早”字。“早”字意味着先机，意味着主动，意味着余地和余力。无论是整个高中学段，还是一个学年，一个学期，还是一天一时，都要突出一个“早”字，抓牢一个“早”字。高中阶段，学习要早规划，每一阶段的计划要早制订，每一学期的目标要早确定，每次学习活动要早安排，各种学习措施要早落实，每次检测和考试要早准备，作业和练习要早完成，应对策略要早调整，薄弱学科要早强化。总之，一早就主动，一晚就被动。

同时要注意将“早”字贯穿于整个学习过程的始终，时间上抓紧，环节上扣紧，落实上逼紧，步步紧跟，分秒必争。要强化“早”的意识，保持“早”的节奏，时时，处处，事事，先人一拍，早人一步。

二、“精”字

学习要做到精心、精细、精致：

1．精心

要精心向学，潜心研学。要精心学习每一个知识点、能力点，精心攻克每一个难点、重点，精心研究把握每一个模糊点、易错点，精心弥补每一个落漏点、缺失点。

2．精细

在“细”字上下功夫，关注学习中的细节，研究学习中的细节，把细节抓严，把细节做实。有一句话很流行，叫作“细节决定成败”，这句话同样适应于学习。学习中的细节体现在课堂上，体现在训练中，体现在考试时。细节无处不在，细节至关重要。

3．精致

主要指作业精致，考试精致，说到家就是做题答题精致。要注意对照标准答案研究自己的答题过程，对照评分标准找出自己的失分之处，分析失分原因。考试时追求规范，追求完美，力争做到“会而对，对而全，全而美”，“分分必争，分分必得”。能得的分一分不舍，即“会的不丢分”；得不到的也不放弃。

三、“力”字

1. 自觉学习力

学习贵在自觉，要督促自己热爱学习，励志学习，刻苦学习，形成高度的学习自觉性，努力提高自觉学习力。

2. 持续学习力

既要得之鱼，更要得之渔。通过学习掌握科学的学习方法，养成良好的学习品质和习惯，做到学有规律，学有方法，学有技巧，学有效率。

3. 合作学习力

在学习共同体中构建和谐向上的学习伙伴关系，在学习中乐于合作，学会合作，善于合作。

学习的策略多种多样，在这里只是抛砖引玉，为同学们打开一扇小的窗户，希望同学们透过这扇窗户看到更广阔的学习世界，真正找到属于自己的、适合自己的、更加高效的学习策略。

让自己获得六个解放

学会观察和探究，在看中了解，在看中观察，在看中探究，在看中思考，在看中领悟，在看中成长。

陶行知先生在谈到学生学习时提出了“解放大脑”“解放眼睛”“解放双手”“解放嘴巴”“解放时间”“解放空间”的六个解放的主张。时代有了变迁，教育也有了更大的发展，但新课程背景下的学生学习状态仍然需要践行六个解放的主张，不过，我们可以根据教育形势发展的需要，赋予六个解放一些新的理解和内涵。

一、解放大脑

脑生命科学是比较前沿的科学研究。借鉴脑科学研究成果，我们不能只满足让自己的大脑动起来，活起来，让自己勤于思考，善于思考，做到学思并重；还要根据左右脑的分工，开发左右脑的广泛用途，锻炼左右脑的功能转换，结合“首因近因”“最近发展区”等研究理论，改进自己的学习方式和习惯，最大限度地提高学习效益。

二、解放眼睛

要将自己的眼睛从课堂延伸开去，将对信息的搜集、整理、吸纳、迁移的大课堂构建起来，信息时代的课堂不能局限于教室一隅，而要无限放大到教室之外，让自己不仅在传统课堂上瞪起眼睛来，而且要将眼光放在课堂之外，放到一切可能接触到的信息源上。同时把自己培养成一个具有时代眼光的学生，学会观察和探究，在看中了解，在看中观察，在看中探究，在看中思考，在看中领悟，在看中成长。

三、解放双手

一是要不动笔墨不读书。毛泽东阅读《资治通鉴》达 17 遍，每一遍都在书上做了大量的眉批和注解。要让自己养成良好的阅读习惯，阅读时随时记下不懂的地方、质疑的问题、感悟、联想和心得。二是要动手做题，解决眼高手低问题。三是提高实验操作技能，解决背实验报告、实验能力低下的问题。四是提高实践能力，“纸上得来终觉浅”，要让自己在实践的大课堂上体会、感受、顿悟、提升。

四、解放嘴巴

一是敢说，培养敢于质疑、敢于表达自己观点的习惯；二是愿说，鼓励自己表达观点，创造谈话的时机，激发自己说话的欲望；三是会说，说什么，说多少，怎么说，说的效果怎么样，都要加强学习。

五、解放时间

解放时间，是为了有更多的时间自主学习，自主探究，自主发展。解放时间要做到三点：一是课堂上的时间要充分利用，让自己尽可能地主宰课堂，自主支配课堂；二是课余时间安排恰当，有具体的时间规划，让课外活动丰富起来；三是要珍惜时间，劳逸结合。自主时间多了，是指自主学习的时间多了，而不是自主玩乐的时间多了，因此更要珍惜时间。

六、解放空间

要开拓学习的空间，充分利用学校的图书馆、阅览室、实验室、运动场等空间，同时充分利用社会上的教育基地、实践基地、博物馆等空间，把家庭的和社会的、自然的空间资源最大限度地利用起来，为自己的成长服务。

努力提升课堂学习力

自主学习能力是学生学习的最重要的能力之一，要自主预习，自主质疑，自主解决问题，自主探究问题，自主训练。

毋庸置疑，课堂是学习的地方，是学习的主要场所。新课程背景下的教学要求将课堂还给学生，让学生主宰课堂。面对新形势、新情况，同学们如何在课堂上提高学习效益？

一、提升专注力

在课堂上要集中精力，聚精会神，要静下心来，静心学习每一个知识点，全神贯注听课，积极思考问题，不放过任何一个环节和细节，实现环节高效、细节盯牢的要求。一定注意，课堂上不能做与学习无关的事情，不能分散精力，无精打采，要排除一切私心杂念和外部干扰。

二、提升自主力

自主学习能力是学生学习的最重要的能力之一，要自主预习，自主质疑，自主解决问题，自主探究问题，自主训练。要求自己能解决的自己解决，做到先自主学习，再合作探究，再寻求帮助。

三、提升合作力

要认真履行学习小组中担负的职责，积极与同学进行互动、互帮、互助，学会合作，善于合作，既要学会遇到问题解决不了时怎么寻求帮助，也要学会怎么帮助别人，做到“人人为我，我为人人”，“人人帮我，我帮人人”。

四、提升展示力

要积极主动地展示自己的学习情况，展示时既展示成果，也展示问题。要学会展示的方式方法，做到有效展示，成功展示。

五、提升捕捉力

要及时捕捉课堂学习中有价值的东西，捕捉思维的火花，一旦火花出现，马上记下来，因为它会稍纵即逝。要像钩子一样，将有价值的知识、质疑钩出来，并及时总结和提炼。

六、提升探究力

课堂是思维对话的最好场所，要开动脑筋，积极思维。要善于思考，勇于质疑，努力提高自己研究问题、探索问题的能力。

七、提升转化力

要做到学以致用，将学到的、想到的运用到知识迁移之中，把听的做出来，把说的写出来，坚持为转化而学习、为运用而学习、为迁移而学习的学习原则。

八、提升实践力

“纸上得来终觉浅”，要坚持动口、动手，解决眼高手低的问题；要努力投入训练，掌控训练技能，举一反三，触类旁通；要动手做实验，避免听实验、看实验，切实提高实验操作能力。

课堂学习八忌

上课认真听讲，把老师讲的听明白了，学习就成功了一大半。

据我观察，学习成绩不理想的学生，并不是智力上有什么问题，主要是在课堂上的一些不好的习惯影响了学习效率。为此，我提出课堂学习八忌。

一、忌上课迟到

有些学生，上课经常迟到，总觉得迟到一会儿无所谓，反正老师也讲不了多少，同学也学不了多少。殊不知，日久天长，积少成多，计算起来就是一个不小的数字。以每节课迟到一分钟计算，一天六节课就是六分钟，一周就是半小时，一月就是两小时，一年就是……自己算一算你从什么时候开始养成了迟到的习惯，总共浪费了多少时间。

孔子面对着逝去的江水，发出了“逝者如斯夫，不舍昼夜”的感叹。朱自清先生在散文名篇《匆匆》中写道：“早上我起来的时候，小屋里射进两三方斜斜的太阳。太阳他有脚啊，轻轻悄悄地挪移了；我也茫茫然跟着旋转。于是——洗手的时候，日子从水盆里过去；吃饭的时候，日子从饭碗里过去；默默时，便从

凝然的双眼前过去。我觉察他去的匆匆了，伸出手遮挽时，他又从遮挽着的手边过去；天黑时，我躺在床上，他便伶伶俐俐地从我身上跨过，从我脚边飞去了。等我睁开眼和太阳再见，这算又溜走了一日。我掩着面叹息。但是新来的日子的影儿又开始在叹息里闪过了。”光阴似箭，日月如梭，一寸光阴一寸金，寸金难买寸光阴，对于这些逝去的美好时光，我们又有什么办法追回呢？唯有，从我做起，从现在做起，加倍努力。

二、忌上课无准备

有的同学，对于下一节课上什么毫无所知，老师来了，才急急忙忙去找书，找资料。更有甚者，老师已经开始上课好几分钟了，他也没有找到相关书籍，显得十分慌乱。这样一节课下来，他总是心绪不安，严重影响了听课的质量，影响了学习效率。长此以往，学习效果可想而知。建议有这些不良习惯的同学，把课程表贴在课桌的显眼处，上课之前先看一下，把该准备的都准备好了，再去干别的事情。平日里放书籍资料也要养成分门别类的好习惯，找什么，伸手即可找到。

三、忌上课不专心听讲

有的同学上课时，精力集中不起来，总是想一些与听课无关的事情。《孟子·告子上》讲过这样一个故事。弈秋是全国最擅长下棋的人。一次，他教导两个人下棋，其中一个人专心致志，只听弈秋的教导；而另一个人表面上也在听弈秋的教导，但是他心里总以为将有天鹅要飞过来，想拉弓搭箭去射它。虽然他们一起学棋，但最终的棋艺高下悬殊。最后孟子感叹：“难道是因为他的智商不如前一个人吗？不是这样的。”《劝学》中对于学习用心专一和浮躁有这样生动的类比：“蚓无爪牙之利，筋骨之强，上食埃土，下饮黄泉，用心一也。蟹六跪而二螯，非蛇鳝之穴无可寄托者，用心躁也。”

跟我们学校考上清华大学、北京大学的学生谈论成功的秘诀，他们都有共同的感受：上课认真听讲，把老师讲的听明白了，学习就成功了一大半。

四、忌不会自主学习

有些同学没有自主学习的愿望，老师不安排学什么他就不知道干什么。有句古话说得好：“师傅领上门，巧妙在个人。”还有一说：“师傅领进门，修行在个人。”老师不可能跟着我们一辈子，以后的路还要我们自己走。学习是自己的事情，老师只是你学习的引导者和助手，你需要帮助时老师能做的就是伸出援助的手，但关键时候的考试，老师是不能伸手的，你怎么办？所以，一定要学会自主学习。可以尝试以下几点做法。

1．学会选择和利用学习资料

根据自己的学习水平和学习要求选择和利用资料，通过学习资料的指导，帮助问题的解决。

2．学会课前预习

通过预习，发现问题，提出问题，带着自己的问题和发现进入课堂。

3．积极进行自我反思

通过反思对自己的学习过程进行自控和修正，做到有效学习。

五、忌不主动回答老师提出的问题

不主动回答老师提出的问题，原因有三点：一是没有跟上老师的思维，思考不及时；二是害怕回答不全面，受到老师的批评；三是没有养成积极回答问题的习惯。其实，能够主动回答问题，可以很好地训练自己的思维能力和口头表达能力，暴露自己思维中存在的问题，即使回答得不全面，甚至不正确，对学习成绩的提高也有帮助。另外，我们现在的课堂，还给同学们提供了许多展示的机会，大家一定要在学习过程中积极展示，通过展示获取更大的进步。

六、忌不和同学交流研讨

新课程标准提倡小组内互助合作学习，很多同学由于缺少合作意识，而成为小组内的看客。东晋诗人陶渊明在《移居二首》（其一）中说的“奇文共欣赏，疑义相与析”，对于我们很有借鉴意义。学习需要自主，也需要相互交流。我们知道，一个人跟一个人交换一个苹果，最后每个人手里还是一个苹果，但是互相交换一个思想，一个人就有了两个思想，何乐而不为呢？

七、忌有疑难问题不敢问老师

有的同学也许是害怕受到老师的批评，脸上无光，有问题不敢问老师。孔子提倡“敏而好学，不耻下问”，我们本来就是学生，到学校就是来学习的，问自己的老师，有什么可害羞的？实际上，主动回答学生的疑难问题是老师的责任，“师者，所以传道授业解惑也”，热情回答学生的问题也是师德的要求，每一个老师都喜欢学生问自己，问的越多，老师就越高兴。

八、忌犹豫

有些同学上自习课，老是拿不定主意学什么，一会儿翻翻数学书，一会儿翻翻物理书，一会儿再翻翻别的书，忙忙碌碌一节课，结果什么也没学到。拿不定主意和优柔寡断，对于一个人来说，实在是一个致命的弱点。它会破坏一个人的自信心，也可以破坏一个人的判断力，使人最终成为一个“穷忙族”，结果一事无成。

我相信，只要同学们改掉了这八种不正确的做法，学习成绩将会有飞速的提升。你何不赶快试试？

四字学习状态

静、专、思、主是许多学校对学生学习提出的共同要求，是对一个学习者提出的基本要求，也是被无数个学习成功者证明了的学习法宝。

一、静

指静心自学，潜心读书。古人云："宁静致远"，"静以修身"。静是读书人的一种修炼，一种品行，一种习惯，一种能力。

静的第一要求是内心平静。学习时要静下心来，心无杂念，不急躁，不浮躁。

静的外在要求是环境静。学习应当是一种不为外界干扰的活动，任何响动都可能对学习者造成影响。所以，我们的要求是"入室即静"。教室是学习的主要场所，这种场所不允许做任何与学习无关的事情。除必需的学习交流、议论外，教室要成为一个无声的场所，不准交头接耳，不准窃窃私语，更不准大声喧哗。即便是课间时间，也要尽量保持教室内的安静。

二、专

指专心致志，一心一意地学习。从古到今，从孔子到孟子，以至现在的读书人，凡读书有成就者，学习时无不做到了聚精会神，全心全意，心无旁骛。有的同学，学习时三日打鱼，二日晒网，不会有很大收获；有的同学，朝三暮四，"挂着南朝，带着北国”，“身在曹营心在汉”，不是真正的读书人，读不出什么成绩；有的同学，课堂上胡思乱想，东张西望，听课时走神，跟不上老师的思路，甚至在老师提问时不知所问，答非所问，学习效率大打折扣。

三、思

子曰：“学而不思则罔，思而不学则殆。”学习这件事是需要边思边学的。要让思维活跃起来，课堂上积极与老师进行思维对话，学习中主动与同学思维碰撞，并善于捕捉思维的火花。要养成勤于动脑、善于思考的学习品质，培养勇于质疑、敢于批判的学术精神。学习中要勤问个“为什么”，要做到“知其然，知其所以然”。

四、主

一是指自学。要把自学能力作为学习的最重要的能力去培养和提升，做到问题由自己去搜索发现，概念由自己去概括提炼，规律由自己去寻找探索，文本由自己去解读领悟，实验由自己去设计操作，作业由自己去独立完成。

二是指主动学习。学习是为自己而学，为发展自我、成就自我而学；学习是为理想而学，是为实现理想、成就人生而学；学习是为终生而学，是为奠基明天、成就未来而学。因此，要积极地学，主动地学，充满激情地学，充满兴趣地学，快乐地学，幸福地学。

静、专、思、主是许多学校对学生学习提出的共同要求，是对一个学习者提出的基本要求，也是被无数个学习成功者证明了的学习法宝。

把每天都变成高效学习日

要进入一种崇高的学习境界，把学习当作享受，把学习当成一种莫大的幸福。

学习的竞争，归根结底是效率的竞争。同在一个班级内，师资相同，时间相同，但学习成绩却不同，原因是多方面的，但关键的原因是学习效率。所以要想提高成绩，必须提高单位时间内的学习效率，这是学习的核心竞争力。

学习要剔除无效的环节，不做无用功，使每一分钟都发挥出学习的最大效率。学习效率有个计算公式，即

$$学习效率=\frac{学习时间-无效学习时间}{总学习时间}$$

希望同学们要养成每天计算学习效率的习惯，每天自己算一算学习时间是多少，有效学习时间是多少，有效率是多少，以此增强自己的紧迫感、压力感，增强时间观念。

一、学习要杜绝“三闲”

中国著名教育改革家魏书生在盘锦三中时，在班内、校内提出了杜绝“三闲”的学习要求。所谓“三闲”，一是“闲思”，如上课走了神，想到了社会上一些令人不满的现象，想到了家庭

中一些烦恼的琐事，想到了和同学相处时的一些不快和反感，乱想一气；想到了下课到体育场打球，晚上能不能玩游戏，某电视连续剧演到哪里了，谁和谁闹别扭不知什么原因，等等。这些不该在学习时想的事却利用学习的时间去想了，分了心，费了神，以至于上课时思想不集中，思维不活跃；自习时完不成作业，也不能及时对所学内容进行巩固、深化和拓展。二是“闲话”，该说的说，不该说的也说，一天到晚唠唠叨叨，喋喋不休，甚至于对任何事任何人都说三道四，评头论足，轻者引人反感，重者祸从口出，惹出麻烦。三是“闲事”，课堂上玩手机，胡写乱画，课堂外无事生非。每一位同学都要学会统计三闲时间，看一看自己一天之中动了多少闲思，说了几句闲话，做了几件闲事，浪费了多少时间。

二、学习要做到“静”“专”二字

学习需要聚精会神，心无旁骛，要静心向学，潜心治学。首先要静，静以致远，静以养身。其次要专，做到什么时间干什么事，在正确的时间干正确的事。西汉时的儒学大家董仲舒，为了读《公羊春秋》，在室内放下书房里的帷帐，坚持三年不朝室外张望，全心全意不受外界干扰，真正做到了专心致志。毛泽东年轻时为了使自己养成专注读书的习惯，多次故意到闹市中读书学习。

三、要忘我、忘物、忘时地学习

疯狂英语的创始人李阳，在大学读书时英语成绩很差，特别是口语不好，不敢开口讲英语。痛定思痛，知耻而后勇，他学习英语废寝忘食，夜以继日，在学习中忘记了外界环境，忘记了自我休息，忘记了时间流逝，终成英语学习的领军人物。

四、学习要借势助势，借力助力

要注意利用学习过程中的有利时机，为学习加油，掀起学习的高潮。例如节假日、周末回到家里，父母施加了学习压力，亲朋关心自己的学习，问起自己的成绩，你就要尽量地做到“放假不放学”，高质量地完成作业，回到学校后以更好的成绩回报父母和亲朋；就要考试了，同学们都紧张起来了，你也要积极应对，鼓足干劲，盯紧一个竞争目标，奋起直追；如果某段时间学习有所松懈，成绩下滑，老师批评了，怎么办？调整心态，端正态度，奋勇争先。

五、不断地激发内驱力

要有高远的学习目标，在目标的引领下超越自己，实现梦想；要有具体的学习计划，说到做到，忠实于自己的诺言，践行自己的主张；要把学习当作享受，把学习当成一种莫大的幸福；要以成绩证明自己的努力，证明自己的才智，要对得起自己的父母，对得起自己的良心，在学习上不遗余力，无愧无悔。

六、学习像考试

换句话说，要像考试一样学习。众所周知，考试比平日的学习要紧张，大脑要更加兴奋。考试其实是一种重要的学习途径，是效率较高的一种学习方式。平日的学习要有考试一样的速度和效率。

让阅读为我们插上成长的翅膀

阅读不是随便地翻阅，不是随意地浏览，而是一种有目的、有思考、有记录、有体会、有借鉴的读书过程。

朱永新教授说："一个人的精神发育史就是他的阅读史。"前国务院总理温家宝说："读书可以改变人生。"的确，我们的成长，离不开阅读，阅读是"天地间第一人品"（清·金缨），"当你进入书的宫殿世界，你会得到真挚的友情和极大的收获"（罗斯金），因为"书籍是朋友，虽然没有热情，但是非常忠实"（雨果），"书籍是青年人不可分离的生活伴侣和导师"（高尔基），"书籍是人类知识的总结"（莎士比亚），"书籍是培植智慧的工具"（夸美纽斯），"理想的书籍是智慧的钥匙"（列夫·托尔斯泰）。也正像莎士比亚形容的那样："生活里没有书籍，就好像没有阳光；智慧里没有书籍，就像鸟儿没有翅膀。"

书籍既然如此重要，那么，应当如何阅读？阅读不是随便地翻阅，不是随意地浏览，而是一种有目的、有思考、有记录、有体会、有借鉴的读书过程。

一、明确阅读目的

读书从作用上讲可以分为功利性阅读和非功利性阅读。虽然，我们倡导非功利性阅读，不带目的的阅读；但在当下，我们学习时间紧张，阅读时间有限，将阅读的目的明确一下也是应该的。

（一）主题性阅读

围绕一个主题，阅读古今中外一系列能体现这一主题的图书。如我们阅读古代诗词，可确定爱国、励志、思乡、爱情、友情等多个主题，进行分类阅读。

（二）针对性阅读

比如我们可以通过阅读余秋雨先生的游记来积累一些历史文化常识，或借鉴一些景物描写的方法和手段，好为丰富历史文化知识和写作服务。

（三）拓展性阅读

如果你写作文时想增加一些历史韵味，你可以阅读部分历史；如果想开阔自己的眼界，你可以阅读一些旅游、人文等方面的杂志和书籍；如果你想增加文采，可以阅读《散文》《读者》《青年文摘》《格言》等一类的杂志。

二、做好阅读笔记

要做到“不动笔墨不读书”。阅读中要勤动手，把不会的字词标出来；勤动笔，把有用的内容记下来，边读边做笔记。做笔记要注意分类和有条理，比如可分为实例素材、名人名言、优美语言等。

三、积极思考感悟

在阅读中，一定要开动脑筋去思考问题，体味真知，感悟哲理。

思考的内容有很多，比如作者为什么这样写，这样写有什么作用，你觉得这一段写得好，好在哪里，作者用了什么手法；今天有了阅读收获，以后写哪些文章能利用收获的这些东西；我今天阅读了这部分内容，以后还要读什么……

可感悟的内容也很多，你可以同作者一起喜怒哀乐，你可以感悟小说中人物的命运，感悟作者的意图和情感。如读了居里夫人、诺贝尔、钱学森等科学家的传记，有没有深受感动，深受启发，决心像他们那样刻苦学习，立志成才，献身科学，为人类、为社会做出伟大的贡献？从这个意义上讲，阅读的最大功能是丰富我们的内心，构建我们的精神家园，让我们更好地成长为对民族、国家有用的人。

四、恰当引用借鉴

通过阅读，我们会从中收获许多闪光的句子、精彩的片段，并在作文中直接或间接引用，为你的文章增光添彩；通过阅读，我们会积累大量的素材，这些素材是我们今后行文的重要资源；通过阅读，我们学到了许多写文章的好方法，可以在自己的写作实践中运用和借鉴。

学习颜回“不贰过”

离开总结教训，很难避免重复犯错。认真对待总结，才能在比较中以人之失，知己之得；在借鉴中以人之长，补己之短；在反思中以己之悟，促己长进。

许多同学都知道怎么写总结，但从来没有写过真正意义上的总结。其实，学习这件事情，特别需要反思和总结。

河北省有位高考状元李方兴同学，善于反思学习问题，善于总结学习经验。比如，他将学习总结为由低到高的三个层次。一是考试迁移层次，即只是利用书本上的知识来做题的层次。他分析说，这种层次效率低，整体成绩会大打折扣。二是感性理解层次，即做题以后凭经验找到思路，并且摸清知识之间的关系，但这样做是不到位的。三是理性认识层次，即能深入理解知识，准确地把握考点，灵活运用解题技巧，将死的知识提升为活的能力，从更高、更宏观的角度来审视各门功课。只有到了这种层次，才能在备考时做到游刃有余，鸟瞰全境，“一览众山小”。

我们不一定能总结到这么深的高度，但是做一类题，可以总结出这一类的规律和方法，举一反三，触类旁通；每考一次试，可以分析一下整个卷面，找一找失分的题目，分析一下失分的原因；每找到一个好方法，寻到一条小规律，都要继续思考下去，探究下去，形成对学习的指导意见，等等。

要明白，学会总结是一种学习上的智慧。我们应当向颜回学习。孔子认为他最优秀的学生是颜回，原因是颜回“不贰过”。所谓“不贰过”，就是不在自己、别人第一次摔倒的地方摔倒。而离开总结教训，很难避免重复犯错。认真对待总结，才能在比较中以人之失，知己之得；在借鉴中以人之长，补己之短；在反思中以己之悟，促己长进。

我们要养成总结的习惯。我们同在一个学校，由同一位老师教着，学习上有差距，原因固然很多，但其中一条就是是否善于总结经验和教训。有的同学，每过一个阶段，每做一套题，都要琢磨琢磨，找出对在哪，错在哪，为什么错了，做到“不占糊涂便宜，不吃糊涂亏”，“吃一堑长一智”，“打一仗进一步”。

1965 年，毛主席在中南海接见李宗仁夫妇和程思远先生时，毛主席问程思远：“你知道我是靠什么吃饭吗?”程思远说不知道。毛主席徐徐地说：“我是靠总结经验吃饭的。”同样，同学们靠什么才能学习好？也应当靠总结学习经验。

要想做到“不贰过”，除以上说的总结外，还有一条主要方法，那就是建立和使用好两个本子：错题本和典型题本。

保送进入清华大学的河南学生邱之梦的班主任何书平老师，在介绍邱之梦的学习方法时说：“邱之梦在了解到自己善于归纳和总结的优点后，用纠错整理的形式来巩固学习。高中三年她整理了五大本数学纠错题，每本平均有几百道错题，每道题都有批注，每类题都有思路分析与知识归纳。”学习的过程，其实也是纠正错误的过程，如果你把所有的错题都纠正了，你的学习就会在广度上无死角，深度上无疑点。建立和利用好错题本，不仅能在有问题的地方解决问题，使弱势转化为优势，而且还能总结出规律和方法。

除错题本外，我校还倡导建立典型题本。其实，高考题目类型尽管有很多，而我们基本都练到了。但考试时为什么还有的同学觉得新鲜？觉得困难？一是缺少平日对典型题目的整理、分类、研究；二是典型题没起到典型作用，没有充分利用典型题进行训练，达不到“举一隅而反三隅”的效果。我再一次建议大家把典型题本建立起来，从题海中浮上来，抛弃题海战术，凭精选、精练赢得高分。

一张一弛，文武之道

适当的运动能缓解学习压力，将身心调整到最佳状态，学习才会达到事半功倍的效果。

列宁说过："不会休息，就不会工作。"同理，不会休息，就不会学习。面对紧张的高中阶段学习，如果没有健康的体魄，没有充沛的精力，只靠"时间加揉搓"，就不会取得好成绩。大家应当明白，适当的运动能缓解学习压力，将身心调整到最佳状态，学习才会达到事半功倍的效果，正像我们常说的那样，"一张一弛，文武之道"，"劳逸结合，方为上策"。

1．要坚持正常的体育锻炼。要坚持上好体育课，坚持每天锻炼一小时。

2．最好有自己的特长和兴趣。每个同学高中三年最好培养一项感兴趣的体育项目，发展自己的体育特长，使之成为一生的习惯项目。

3．维持自己的生物钟。高中三年的生物钟不能破坏，早上几点起床就坚持几点起床，晚上几点睡眠就几点睡眠，要三年如一日坚持到底。因为生物钟一旦打乱，神经就会紊乱，学习效率会大大降低。

4. 坚持不熬夜。第二天上课的精力是最宝贵的，不能因为熬夜而影响第二天的学习，要善于算账，不做得不偿失的事情。

5. 找到缓解压力的办法。任何时候学习，无论多么紧张，都要善于调节，不能只求时间，不顾效率。要找到自己喜欢的放松方式，如听听歌曲，散散步，与同学交谈交谈，看看闲书，运动运动，等等；一味地拼下去，拼不出好结果。

6. 双休日和小假期不能一味放纵自己，避免出现过分休闲带来的生活惯性，避免出现“闲出来的毛病”。许多同学假期开学后很长时间不适应，就是太放纵自己造成的。

学贵得法

学习要讲究方法，不讲方法地死读书，就算读一辈子也没什么出息。

孟子说："尽信书，则不如无书。"即学习要讲究方法，不讲方法地死读书，就算读一辈子也没什么出息。学习方法有多种，我们可以归结为以下几个方面。

一、诵读法

郑板桥曾这样描述过他读书时的情景："人咸谓板桥读书善记，不知非善记，乃善诵耳。板桥每读一书，必千百遍，舟中，马上，被底，或当食忘匙箸，或对客不听其语，并非自忘其所语，皆记书默诵也。"郑板桥不推崇"过目成诵"，他一向都主张要反复诵读，只有"书读百遍"，才能"其义自见"。他认为只有这样，才可以达到"愈探愈出，愈研愈入，愈往而不知其所穷"的境界。否则，虽"过目能诵"，但没有进行反复吟咏，仔细体味，这种浅尝辄止的学习方法，是没有多大益处的。

俗话说："一遍生，两遍熟，三遍就是大师傅。"我国著名文学家茅盾说过："读名著起码要读三遍，第一遍最好很快地把它读完；第二遍要慢慢地读，细细地咀嚼；第三遍就要细细地一段一段地读。"我国南宋哲学家、教育家朱熹说："读书之法，在循

序渐进，熟读而精思。”“熟读”就是反复地诵读，使字、词、句掌握得十分熟练。著名作家王汶石的治学秘诀是“三遍读书法”：第一遍，尽情地进行艺术享受；第二遍，大拆卸，像机枪手学习分解和组合机枪一样，仔细观察每一部分的性能、制作方法和它们的联系；第三遍，再浏览，获得一个完整的印象。

二、四多法

毛泽东读书学习有个“四多”的习惯，即多读，多写，多想，多问。

所谓多读，一是指读的书数量多，内容广；二是指对有价值的书籍读的次数多，以至熟记于胸。毛泽东在晚年时还能流畅地背诵500多首古诗词，他对很多小说的重要段落，也常常能一字不差地背下来。一套《二十四史》他读了几十年，封面都磨破了；一套《资治通鉴》，诵读了17遍之多。

所谓多写，指的是他做到了“不动笔墨不读书”。青年时代，他在课堂上听讲时写“课堂录”，在课后自修时写“读书录”，另外他还有选抄本、摘录本等。他读书时喜欢在重要地方画上各种符号，丰泽园的图书室里经他圈点批画过的书就有1.3万余册，其中《伦理学原理》全书共有10万多字，但毛泽东用小楷在书的空白处写了1.2万多字的批语；读《辩证法唯物教程》时，在书眉处写下了将近1.3万字的批语。他还有一个习惯，就是写读书笔记和读书日记，日记中大多是指正书中的错误，可见他的治学严谨和批判精神。

所谓多想，是指读书时不仅要准确把握作者的思想，同时也要将自己的观点以及对书的一些看法用笔“谈”出来，似乎与作者切磋一般。这种“笔谈”，使读书成了反复思考的过程。他的读书批语中，有许多新颖的见解和精辟的评语，而这些见解和评语都是他熟读精思后的结晶。

所谓多问，就是勤学好问的习惯。毛泽东曾说：“学问，讲的就是既学又问。”他经常请教教授、学者，当了国家领袖后，仍然保持多问的学风，遇到不懂的问题，总是虚心向专家请教。

与“四多”法相类似的学习方法是科学幻想之父儒勒·凡尔纳的治学“五多”秘诀：多读，多想，多比，多用，多记。他为了写作《月球探险记》，阅读了五百多册图书资料，一生中写了104部科幻小说，读书笔记竟达25000多本。

三、五到法

鲁迅的学习方法是五到：心到，口到，眼到，手到，脑到。他把这“五到”写在书签上用以自勉。

与“五到”相近的学习方法是宋代著名学者朱熹的“三到”，即心到，眼到，口到。

四、三字法

伟大导师马克思的治学方法是三个字：博，记，读。

博，就是博览群书。他一生博览了各国的历史、哲学、政治经济学和文学等十几万册图书，学识渊博。

记，他常用折叠书角、并对书角、画线和用铅笔在书页上做记号等方法加强记忆。当发现作者有错误的地方，就打上一个问号或惊叹号；当发现重要段落或重要词句时就划横线标出，或摘录下来。

读，他在少年时就用一门熟悉的外国语背诵海涅、歌德、但丁等作家的作品，借以锻炼自己的记忆力。以后每隔一些时候，就重读笔记和书中做了记号的地方，以此来巩固记忆。

与之相近的是我国著名教授严学窘的学习方法，也是三个字：精，博，通。精而通，通而精，由精而博。

五、联系法与联想法

世界中的一切事物都不是孤立的，而是普遍联系的，知识也是这样。我们在学习时要学会用联系的眼光看待问题、分析问题。同时，也要运用联想思维，加强记忆或举一反三。

六、对比法

从猿类进化成人类之后，人类就在地球的各个地方生活，而这些地方的环境和人类生活习性是有差异的，这些差异就导致了欧洲人与亚洲人的身体、肤色、毛发等方面的不同。但在生理学上，均用“人”这个概念来标记。而实际上，欧洲人和亚洲人是有很多不同的。

在学习中，当两个概念或事物的含义相似时，我们往往容易搞混淆，而在这时，运用对比法就能搞清二者之间的明显区别。也就是说，他们相同的地方我们暂时不比，只比较它们不同的地方，这些不同的地方，就是某一事物的独特特征。理解了这些独特特征，也就抓住了这一事物的本质，从而也就能掌握这一事物的有关知识。

学习方法还有很多，如兴趣法、动机法、理解法、复习法、综合法、归纳法等，我们要在学习过程中善于总结和思考，找到最适合自己、最有效的方法。

善读无字之书

善读有字之书，也善读无字之书，一生之中把这两本书读好，就一定能获得巨大的成功。

著名教育家陶行知一直倡导王阳明提出的“知行合一”学说，反对学生读死书、死读书。他于1927年在南京创办晓庄试验乡村师范学校，开辟了一条中国教育的新路，主张远离生活的教育是伪教育，脱离实践经验的知识是伪知识。的确，一个人的知识由两本书构成，一本是有字之书，另一本就是无字之书。而人们习惯于学习有字之书，却不善于读无字之书，不注重理论联系实际，不注重学习生活、社会中的知识，最终成了书呆子，成了读书机器，成了一个知识不全面、能力不健全的人。

古人云：“纸上得来终觉浅，绝知此事要躬行。”我们应当打破对知识的片面认识，投入生活，走向社会，向生活学习，向社会学习，既“读万卷书”又“行万里路”。

一、学以致用

中国古代有句谚语：“学了知识不运用，如同耕地不播种。”学习的过程是知识迁移的过程，更是知识运用的过程。如果你有

很多知识但却不知如何运用，那么你拥有的知识就是死的知识，而死的知识不能解决实际问题，属于一些无用的知识。因此，我们在学习中，要将理论与实践结合起来，不但让自己成为知识的仓库，还要让自己成为知识的熔炉，把知识放入实践活动之中，做到学以致用，把丰富知识与提高能力联系起来，提高运用知识的能力，把学习过程转变为培养能力、增长见识、创造价值的过程。红军长征途中，有人讥讽毛泽东凭两本书（《三国演义》和《孙子兵法》）打仗，毛泽东反驳说，我们既不能做教条主义者，一切从本本出发，也不能做经验主义者，一切从经验出发，要将本本与经验结合起来。最终，毛泽东带领中国人民走出了一条将马列主义与中国革命实践相结合的解放大道。

我校曾经有位同学，学习了化学课本中物质成分提取与分析之后，回到家乡为村民化验水质，检验农作物农药残留，写了大量的实验报告，提高了自己的实验技能。

二、获取真知

著名历史学家张舜微对无字之书的重要性深有体会："除书本外，还应多读'无字书'，以扩大求知领域。"

他早年读《说文》时，对其中的"秋种厚埋，故谓之麦"不甚了解，后来，他亲眼看到秋冬之季种麦，都是先用锄深深把土挖出来，然后将种子撒下，再盖上厚厚的土，人称"挖麦子"。这种挖麦子与其他的谷类种植方法不太相同。通过这件事，张舜微总算体味到了书中所谓"厚埋"的真正意思了。

我们不能做“四体不勤，五谷不分”的人，不能唯书本论，“倘只看书，便变成书橱，即使自己觉得有趣，而那趣味其实是已在逐渐硬化，逐渐死去了”。要将有字之书与无字之书合读，这样，才能尽快、尽好地读透有字之书，才能将所学知识记得深刻、牢固。

三、上好社会大学

鲁迅说生活是一本活书，要“用自己的眼睛去读世间这一部活书”。他少年时代有很长一段时间在农村度过，而且也乐于与农村少年为友，喜欢看戏，从中了解了农村生活，为创作《故乡》《社戏》等作品积累了丰富的素材。

同样是著名文学家，荣获诺贝尔文学奖的莫言，仅仅上过三年小学，从小生活在高密东北乡，在社会这所大学里成长为一名优秀的作家，创作了以高密东北乡为素材的《红高粱家族》《生死疲劳》《蛙》《丰乳肥臀》等众多作品。

凡读过高尔基《我的大学》的人都会知道，这位只读过五年级的大文豪所说的大学，是指社会大学。他在这所社会大学里，做过厨工，卖过苦力，饱尝了沙俄黑暗统治的辛酸。不过，他在社会的底层对自己的人生有了深刻的认识，从伏尔加河码头搬运工们那儿学到了劳动的习惯，从流放的政治犯那儿学到了精神上的鼓舞，从面包师那儿学到了人生哲学，他从社会大学中学到的一切，为他创作自传三部曲《童年》《在人间》《我的大学》，提供了无限源泉。

像高尔基这样在社会大学中获益匪浅的成功者还有许多。

托尔斯泰在基辅公路上散步，每当他遇到农民时，就会主动与他们交谈，并将交谈中的收获记录在一个小本子上，因此，他把这条公路称作他的大学。

达尔文在剑桥大学所学专业为“神学”，可他对此毫无兴趣，却对生物课有极大的兴趣。除认真听生物课外，他还参加科学考察活动，向社会上的教师、农夫、工人学习。达尔文说他上了两所大学，一所为社会大学，一所为剑桥大学，但是，社会大学给他的知识，要比剑桥大学给他的知识多。

四、调查实践

要想在生活中、社会中获得有用的知识，必须坚持书本知识与调查实践相结合，做深入的调查研究、分析验证、实地考证等工作。

李时珍曾一一精读了《黄帝素问》《张仲景伤寒论》《神农本草经》《证类本草》等药书，并且加以校勘，写下了大量札记。他发现古人本草书上有许多错误，应当修一部新的本草书。于是他穿上草鞋，背上药筐，拿起药锄，带上必要的药书和笔记本，投身到大自然中去实地采访。凡是需要调查研究的药物，他都事先写在本子上，先寻找当地产的，再搜寻不易找到的。对自己不认识的草药，他便向当地人请教。蕲州周围百十里内广阔的原野、偏僻的山谷，都印上了他的足迹。广大的劳苦群众，不论是种地的、捕鱼的、砍柴的、打猎的，都是他学习的老师。李时珍整整花了10年的心血，还是有不少药没有收集到实物。于是，在他47岁那年，开始了长途旅行。他在徒弟庞宪陪同下，先后到过湖北北部的武当山、江西的庐山，还到过江苏、安徽等地。多走、多学、多见、多闻，他的那个药物名单中的空白不断减少，而药包中的经验单方却在逐渐增多。功夫不负有心人，1578年，李时珍60岁时，《本草纲目》这部辉煌巨著终于完成了。全书记载了1892种药物，有插图1160幅，附方11016则，共100多万字，订成52卷，堆在案头有好几尺高。

李时珍这种向大自然学习、向大自然求证的务实精神，这种不屈不挠追求实证、检验真理的学风，值得我们敬重和学习。

著名画家徐悲鸿一生之中画了上千匹马，出自于他笔下的奔马令人赞叹不绝。有人评论说，他的奔马丰阔而不臃肿，刚劲而不瘠弱，稳而不坠，奔而不飘，特别是那幅马尾舒展、挺拔奔放的《奔马图》尤其难得。

要知道他为了把马画好，在无字书上下足了功夫。在留学法国时，他整天在巴黎博物馆里进行素描练习，并常以两块面包充饥，这一切都是为了准确地把握马的造型。并且，不管何时何地，只要是见到马，他都会不由自主地驻足细心观察。当有人向他投师学画之时，他深有感触地说："不必学我，真马较我所画之马，更可师法也，画马必须以马为师。"

读无字之书，唯有如此，才能读深读透，才能读出水平，读出成就，读成大师。

五、脚踏实地，求真务实

读无字之书，必须坚持实事求是的治学精神，必须具有严谨求实的正确学风。

纵观齐白石一生的作品，所展现出的是一幅幅栩栩如生的鱼虫、欣欣向荣的草木，刻意求工处恰如雕镂，粗犷豪放处犹如泼墨，真可谓“形神兼备”。尤其是他的水墨画《虾》，更是神态各异，活灵活现，令人拍案叫绝。但又有多少人知道这纸上的画有多少画外之音？

就水墨画《虾》来说，他观察虾几十年，有几年他观虾不止，天天观虾，一直到七十多岁还坚持观虾。

作家老舍在某年春节时，选了苏曼珠的四句诗请齐白石老人作画。诗中有一句“芭蕉叶卷抢秋花”，齐白石因对“芭蕉叶卷”的实际状况不熟悉，当时又正好是北国的严冬，无实物可进行考证，他为了弄清楚芭蕉的卷叶到底是从左到右的，还是从右到左的，逢人便问。但是，很多人都没有进行过细心观察，说不出准确的答案。

就因为这个别人看来微不足道的原因，齐白石老人最后没有作“芭蕉叶卷”画。人们虽觉遗憾，但他却认为这样做是对的，之所以不敢大胆作画，是因为未曾见过。这种严谨的态度，应当引起我们的反思和省悟，很值得我们学习和效仿。

这种精神不但能赐予你有用的知识，而且还能帮助你纠正有字之书中的谬误，让你发现真理。

对亚里士多德关于物体降落的速度是由物体本身的轻重决定的理论，许多学者没有加以证明就全盘接受了。因为在当时学者们的心目中，除了上帝，只有亚里士多德永远是正确的。

但是，年仅25岁的伽利略却因善于读无字之书，通过实验把亚里士多德的错误理论推翻了。

对于地心说，人人都没提出疑问，而布鲁诺经过多年对天象地貌的观察和研究，勇敢地提出了日心说，并因此被教会烧死，为探求科学献出了生命，让后人敬仰和叹息。

善读书，而不惟书。善读有字之书，也善读无字之书，一生之中把这两本书读好，就一定能获得巨大的成功。

◎奏响和谐成长的乐章

未来事业成功和生活幸福，必须建立在与人愉快合作、友好共处上。一个人没有共生意识，没有合作精神，不可能有好的前途和命运。

学会共生与合作

未来事业成功和生活幸福，必须建立在与人愉快合作、友好共处上。一个人没有共生意识，没有合作精神，不可能有好的前途和命运。

新课程背景下的学习方式，很重要的是一种“合作学习”。合作学习作为一种学习的方式，能帮我们获取学习上的成功，但这种学习方式的意义不仅仅是影响着我们现在的学业，更重要的是影响着我们未来的一生。未来事业成功和生活幸福，必须建立在与人愉快合作、友好共处上。一个人没有共生意识，没有合作精神，不可能有好的前途和命运。

一、共生

有一种效应叫“共生效应”，是指大自然中的一种生长现象。人们发现，一株植物单独生长，长得矮小、单薄，一有风暴来袭很容易折断倒伏；而与众多不同的植物一起生长，却长得枝繁叶茂，呈现出无限生机。这种现象给人们很深的启发。

人需要过集体的生活，家庭是一个集体，班级是一个集体，未来的工作单位是一个集体，国家和民族是一个大集体，整个人类是一个更大的集体。在集体中怎样生存？怎样工作？怎样发展？答案是相互照应，相互依存，相互体谅。任何时候都不能单打独斗，单枪匹马是打不了天下的。

非洲草原上有一种奇怪的现象，人们发现若是老虎奔跑，一定是象群来了；若是象群在奔跑，一定是蚂蚁团队来了。蚂蚁是很弱小的一种动物，但成千上万的蚂蚁可以蚕食一头大象，这就是蚂蚁团队的神奇力量。那我们是做一只凶猛而孤单的老虎，还是做一只弱小而团结的蚂蚁呢？人类学家和社会学家的建议是回到集体中，赢得共生。

二、合作

美国加利福尼亚州大学曾做过一个实验：取 6 只猴子，每两只为一组分别放在三间房子里，每间房子里的食物的高低都不一样。第一间房子中的食物放在地上，房内的两只猴子为抢夺食物大动干戈，结果一死一伤；第二间房子中，食物挂在房顶上，房内的两只猴子你等我，我靠你，非常绝望，最后都饿死了；第三间房子的食物挂到桌子上，房内的两只猴子一只托一只拿到了食物，两只猴子共同享用，安然无恙。这个实验的结论可以用一句话来概括：相残，就会同死；互助，才能共生。人类更是这样，每一个人都要学会帮助别人，每一个人也要学会在困难时如何寻求帮助。让谁来帮你，怎样帮你；你帮助谁，怎样帮助，这是一个问题的两个方面，不能只求其一不做其二。我们的小组合作学习也是这样，学习上遇到问题怎么办？先自己解决。自己解决不了怎么办？寻求同学的帮助。另一方面，当同学需要你帮助时，也要施以援手，热心相助，“送人玫瑰，手有余香”。

有一个深含寓意的故事是这样的：有四个人来到大海边，分成两对寻找食物，一位长者分送给每对一根鱼竿和一篓鲜鱼。第一对中的一个人得到鱼，狼吞虎咽，吃了个精光，最后没有办法获得别的食物，活活地饿死；另一个人得到了鱼竿，一个人走向遥远的大海，最后也饿死在海边。而另一对得到了鱼竿和鲜鱼后，没有分开，而是共同寻找大海，他们边走边吃边找新的食物，结果共同生存了下来。这个故事告诉我们：只有合作才能生存，才能共赢，才能发展。

人类学家在分析雁群的时候，告诫我们要向雁群学习。单雁独飞的时候，飞行速度极慢；群雁齐飞时，速度能提高71%。群飞时大雁不断发出叫声，相互鼓励；前一只做后一只的支撑力，相互关怀帮助；有一只落伍了，其他两只会停下来给它护卫；头雁病了，退回队伍，另一只会修正角色，自主调整，冲锋向前。这样的团队精神难道不值得我们学习和借鉴吗？

在合作中学习

每个人都有值得别人学习的地方，每位同学都有超出别人的优势，要学会用欣赏的眼光看待同学，用赞扬的话语鼓励同学，做到取人之长，补己之短。

当代合作学习的倡导者，美国明尼苏达大学“合作学习中心”教授约翰逊兄弟一直强调，合作学习的基本特征是“积极互赖，直面互动，责任到人，人际技能和小组建设”，而另一位合作学习理论的贡献者、美国霍普金斯大学的斯莱文教授则更看重“群体奖励，机会公平，满足个人需要和小组目标”等因素。我认为，合作学习不能只局限于课堂之中，而应将“互助”“合作”的学习精神贯穿于学生学习的整个过程之中。

目前，合作学习已成为中学生最重要的一种学习方式之一。那么，合作学习有什么要求？就学生而言应当怎么做呢？

一、合作学习的基本要求

1．有秩序，讲纪律

互助要在需要时、在允许的时空中进行，不是随时随地进行互动和交流。互助时不能手忙脚乱，相互干扰，不能无序合作，要在老师的指导和组织下，根据学习任务开展有序的合作与互助。

2．有效率，讲主动

避免表面上热热闹闹，气氛活跃，但实际上毫无思维含量、毫无合作价值的低效率的合作互助学习。同学们要对共同探究的学习内容充满兴趣，要有强烈的学习动机，不在简单问题上浪费时间，不在小问题上争吵不休，同学之间要进行深度的交流，真正做到思维对话，高效自学，积极发言，收获巨大。

3．有质疑，讲探究

互助与合作的目的在于质疑问难、探究深化、研讨拓展。要善于质疑，质疑得有价值；要学会探究，掌握一般的研究问题的思维方法。

4．有竞争，讲团结

互助、合作既要在合作中竞争，又要在竞争中合作，要培养自己团结别人的意识，培养自己的交际能力。

二、合作学习的正确习惯

1．尊重同学

要学会倾听，耐心倾听别人讲话。别人在讲话时要注意记录和分析，从而养成正确地倾听别人讲话的好习惯。别人在讲话时，一般不要随意打断，更不要与人争吵打闹。

2．欣赏同学

每个人都有值得别人学习的地方，每位同学都有超出别人的优势，要学会用欣赏的眼光看待同学，用赞扬的话语鼓励同学，做到取人之长，补己之短。

3．讲究规则

小组合作学习有规则要求，有组员职责划分，要根据规则要求进行合作，时刻记住认真履行自己的组员职责，培养自己成为一个讲究规则的人，一个认真负责的人。

4. 感激别人

一个有道德的人，一定是一个有感恩之心的人。我们生活在世上，要感恩父母，感恩师长，感恩同学，感恩一切帮助过我们的人。所以，要及时感谢同学对你的帮助。

5. 细致缜密

做事要有计划，要养成按计划执行的意识，要培养克服困难完成计划的意志品质；做事还要有条理，懂得先后顺序，注意轻重缓急，不能想说什么就说什么，想怎么做就怎么做。

6. 合作竞争

在合作中比学赶帮超，在竞争中团结互助，友好合作，实现共同进步、携手发展的愿景。

合作中竞争，竞争中合作

赢了，不要沾沾自喜，忘乎所以；输了，也不能情绪低落，一蹶不振。别人超过了自己，不要心生妒意；你超过了别人，也不要自鸣得意。

我们所处的时代，是一个充满竞争的时代，进入高中后的学习、生活也无处不存在竞争。怎么竞争？只能在合作中竞争。在生活与学习中，我们每个人的智慧和能力都是有限的，要想获得学习的进步和高考成功，必须学会与人合作。学会在竞争中互相合作，互相帮助，互相提高，这样才能用别人的长处弥补自己的短处，用自己的长处承托别人的短处，彼此获益，携手同行。一言以蔽之，在竞争中合作，在合作中竞争。

一、在竞争中合作

人生的道路上，虽然充满了竞争，但更多的是合作。竞争能使人进步，但人更需要通过合作求得进步。我们现在的课堂是小组合作学习的新型课堂，在这种课堂中，小组成员必须密切配合、相互合作，才能实现课堂学习目标。新课程改革背景下的学习方式是“自主、合作、探究”，合作是极其重要的一种学习方式，也就是说不会合作就不会学习。

合作不仅对学习具有重要意义，而且关乎人的成长，关乎人的生存。

有这样一个故事：有一个孩子天真无邪，他不知道天堂与地狱为何物，便去请教一位哲人。哲人把他领到一个地方，小孩看到，在很大很深的池子旁坐着一群老者，他们在用一把很长的勺子从池子中舀汤喝，动作十分费力。空气中飘着汤的鲜美味道，但这些老者一个个瘦骨嶙峋。哲人告诉孩子："这就是地狱。"接着，哲人又把孩子带到另一个地方。一样很大的池子，一样美味的汤，一样长长的勺子，不同的是，老者在用长勺给对面的人喂汤，也喝到了对方递过来的汤。这些老者们个个红光满面，神采奕奕。哲人说："孩子，这就是天堂。"这个故事寓含的道理可谓入木三分，发人深省。的确，在人间，合作才能找到天堂，不合作就会坠入地狱。

同样，我们高中阶段的学习，合作才能更好地进步，在合作中步步走向成功；只竞争，不合作，就很难进步。所以，我们要树立竞争与合作互补的观念，让竞争与合作相互促进，互为补充。即使在高考面前，也应抱这种心态，处理好竞争与合作的关系，与同学在竞争的同时，坚持合作原则，在竞争中合作，在竞争中相互促进，共同提高，这样才能取得双赢的结果。

二、在合作中竞争

竞争是指在不损害他人的前提下，人们为了满足自己的需要而相互争胜，是人们发挥自己的优势、长处去达到目标获取利益的过程。

在充满竞争的现代社会中，只有勇于面对竞争才是明智的选择。对个人而言，竞争能激发个人的进取心、好胜心，能激发人的创造力和生命力，能增强人的提高意识，促进能力提升和潜力发挥。因此，人参与竞争，是一种锻炼的过程，是一种更好更快成长的过程，是能促使人们更快实现目标的手段。就集体而言，是一个团队凝聚精神、奋发向上的需要，是一个团队克服困难、争创佳绩的动力。

竞争同样是我们高中同学无法避免的问题。就单个同学而言，学习上存在竞争，每个人都希望名次提升，成绩优秀；生活上存在竞争，艺体活动上存在竞争，劳动上存在竞争，担任班干部、学生会干部存在竞争，评选三好、优秀干部存在竞争，各类比赛存在竞争。这些竞争既然避免不了，就要正确对待，勇于应对，胜不骄，败不馁，取他人之长，补自己之短，在竞争中虚心向别人学习。即便是落后了，也不消极、不泄气，而是见贤思齐，鼓足干劲，奋起直追，后发赶超。就你所在的班级、年级而言，也存在学习上、劳动上、日常行为上、体育比赛上以及其他集体活动上的竞争。因为我们是这个集体中的一员，要把自己融入到这个集体中，充分发挥个人的作用，为集体尽力，为集体争光。

同学之间的竞争不是社会的竞争，尽管这种竞争有时也很激烈，但不残酷、不恶劣。竞争是为了更好地成长，不是为了巨大的经济利益，更上升不到生死存亡的程度。所以要正常地竞争，有序地竞争，保持良好的竞争心态，不能只想成功不想失败，只能赢，不能输。赢了，不要沾沾自喜，忘乎所以；输了，也不能情绪低落，一蹶不振。别人超过了自己，不要心生妒意；你超过了别人，也不要自鸣得意。只要怀有良好的竞争心态，正确看待竞争，你就会和同学们一起完成共同的学习任务，实现各自的理想。

和谐的师生关系是生活的福音

沟通是实现师生关系和谐的必由之路。有效的沟通可以弄清事情的真相，也可以矫正自己在某些地方上的偏差。如果同学们向老师敞开心扉，心里的阴霾也许就会一扫而空。只有沟通才能让师生互相理解，共同进步。

新课程背景下的师生关系，是一种朋友式的共生共长、合作互助式的关系，是一种民主平等、相互理解、彼此信任、和谐相处的人际关系。建立这种关系，同学们应当怎样做呢？

一、搭起信任的桥梁

教育工作是一种用爱支撑的工作，没有爱就没有教育。从孔子的“爱之，能勿劳乎？忠焉，能勿诲乎？”到于漪的“爱是教育的真谛”，再到苏霍姆林斯基的“把我的整个心灵献给孩子”，古今中外的教育家们虽然教育思想不同，教育风格各有千秋，但有一点是共同的，那就是崇尚“爱的教育”。所有的教师都有一颗爱学生的心。汶川大地震时，我们的老师掩护学生撤离，最后一个离开教室，用人间大爱谱写了一首首教师的颂歌；当歹徒在校园内行凶时，我们的老师挺身而出，与歹徒做殊死搏斗，将自己的生死置之度外；当危险降临时，我们的老师把安全留给了学

生；在日常学习生活中，我们的老师默默无闻地付出，兢兢业业地奉献，这样的人难道不值得我们信任？世上最值得信任的人，除了父母，就是老师。

所以，所有的同学都应该信任自己的老师。信任，是构建和谐师生关系的第一步，也是最关键的一步。有这样一则关于“信任”的故事。

在一堂探讨“信任”的课上，奥尔格先生向学生们谈及物理学上著名的钟摆原理：钟摆从最高点往下运动，它来回摆动达到的高度点绝不会高于最高点。

奥尔格先生问大家，是否信任他，是否相信这一原理。所有的同学都举手表示相信。在得到同学肯定的回答后，他叫人从后面抬进一口硕大的钟，并让人把它悬挂在屋内的钢筋横梁上。接着，他请一位同学坐到桌子上的一把椅子上，奥尔格先生将钟摆推到距离这位同学鼻子只有一英寸的地方。

然后，奥尔格先生看着这位同学的眼睛问：“你相信这个物理原理吗？我向你保证，你不会受伤，你信任我吗？”这位同学犹豫了很久，才点了点头。奥尔格先生放开了钟摆。在到达另一端的最高点后，钟摆朝着这位同学坐着的地方逼近。然后，就在几十双眼睛的注视下，这位同学大叫一声，在钟摆还未靠近自己之前，几乎是从椅子上一跃而起。随后，大家看到钟摆在离椅子不远的地方停住了，接着又摆回去。根据钟摆到墙壁的距离判断，钟摆是绝对不会撞到那位同学的——如果他还坐在那里的话。

这个实验失败了，说明我们的同学对老师还是持怀疑态度。信任不是挂在嘴上，而是要落实在与老师的实际交往中；信任不能是一句空话，而要有具体的交往行动；信任也不是说教，而是一种深入人心的感情和意识，只有真心实意地信任自己的老师，才能建起信任的桥梁，才能让构建和谐师生关系不再是空中楼阁。

二、寻找理解的钥匙

只有信任老师，才能理解老师，只有理解老师，才能爱戴老师。其实，绝大多数老师都对自己的学生怀有一颗火热的心，怀着一腔赤诚的爱。但为了培养同学的成长，就像培植花朵一样，需要除草，需要剪枝，需要换盆，有时还需要施药。我们成长中的问题需要老师帮助指点、批评、解决，我们犯了错误，也要接受老师的处罚，因为“没有处罚的教育是不完整的教育”，也是不负责任的教育。古语说：“严师出高徒。”这是对老师们严格要求的理解。严是爱，是另一种意义上的爱，因为严只是手段，只是为了同学们更好地成长的手段。

教师的爱往往是通过对学生的严格教育来体现的，有道是：“教不严，师之惰。”同学们有的不理解老师的这种爱，往往是将此看成是一种单纯的管理教育，甚至在某种程度上认为是对自己的束缚和限制，从而很容易产生逆反心理或对抗心理。

但是，一旦学会了理解老师的这份无私的爱，相信每一位同学都会愈发地尊重老师。尊重不是畏惧，而是建立在理解之上，发自内心的行为。离开了理解，尊敬师长就是一副空洞的躯壳，

无血无肉。

古代有“一日为师，终身为父”之说，强调的是对教师权威的绝对服从。但如今是个性解放、师生间崇尚平等的时代，那种绝对服从的关系应当被瓦解，我们可以质疑老师的权威，却不能丢掉对老师的尊重。因为每一名老师都是真诚对待我们，真心培育我们，我们要懂得老师对我们的付出，体会老师们的真情实意，即便是老师误解了我们，批评错了我们，也要谅解老师，不但不记恨老师，还要努力学习，练好本领，成长为让老师骄傲的人，并感悟师恩，回报老师的爱。

三、拓宽沟通的渠道

有一位先生讲过自己的这样一段往事。

高三那年，班上按照惯例开始排座位，我被安排到了一个不喜欢的位置，因为我不喜欢那个同桌。同桌是个男生，不修边幅，嗓门又大。尽管同桌每次试着和我交谈，但我一直不屑理他。于是我开始怀疑老师排座位的动机，难道是我上次没考好，老师不喜欢我了，才故意这么对我？渐渐地我很讨厌班主任，在他的历史课上我开始阴阳怪气，故意影响他上课的气氛，在班级活动中也处处和他作对。

后来同桌渐渐地看出我的敌意。一天他告诉我：“你知道吗？在排座位之前，班主任找过我，他说打算安排我们同桌，因为你的英语很好，但数学一般，而我的数学还好，但英语很差，这在高考中会吃大亏的。班主任是想让我们能够在学习中互补，才这样安排的。”

像上面这个故事一样，在我们的学习生活中，由于种种原因，师生关系还存在着许多矛盾的地方。尤其是进入青春期的高中生，比较敏感，对老师存在这样那样的一些看法，对老师的批评不接受，对老师的做法存在疑问，甚至完全误解了老师的善意。有的同学自以为长大了，有了对问题的自我看法，对人对事好妄加评论，说三道四；有的同学心理不阳光，习惯于从不好的角度看人看事，认为老师不公平，老师有意疏忽他，故意打击他，始终处在与老师的敌对状态。

怎样避免这种状态？办法只有一个：沟通。沟通是实现师生关系和谐的必由之路。有效的沟通可以弄清事情的真相，也可以矫正自己在某些地方上的偏差。如果同学们向老师敞开心扉，心里的阴霾也许就会一扫而空。只有沟通才能让师生互相理解，共同进步。

如何和老师沟通？一是找老师谈心，读懂老师的心，也让老师弄清自己的思想和认识。二是给老师写信，通过书信这种很好的交流形式，提出自己的理解和意见。三是借助父母、同学和别的老师跟某一位老师沟通。

与同学交往的原则

与异性同学交往要讲究礼节性、距离性、公开性、群体性原则。

同学们来自不同的家庭、不同的学校，不同的生活、学习背景养成了不同的气质性格和情趣爱好，天天学习、生活在一起，相互交往频繁，要想友好相处，就应当遵循交往的一般性原则，讲究一下交往中的文明礼仪。

一、同学交往的一般原则

同学们朝夕相处，交往广泛，而礼仪规范、道德修养的要求和约束也可谓入幽探微，细之又细。一般而言，要遵循以下几个原则。

（一）四讲

1. 要讲真诚。同学是你修来的缘分，不是血亲，胜似血亲。学校是个大家庭，每个同学都是这个大家庭中的兄弟姐妹，要像兄弟姐妹一样真诚相待，团结友爱。同学中独生子女较多，如果把同学看成兄弟姐妹，就不会再有独生子女的孤单和无助。要与同学结成兄弟姐妹般的情谊，就应以心换心，用真心赢得信任，用诚心作为联结友谊的纽带。还要热心帮助同学，当同学学习落后，身体有病或遇到挫折时，及时给予关心和帮助。要宽以待人，与人为善，设身处地替他人着想。心里怎么想就怎么说，莫口是心非。总之，要把同学作为与你关系最近的人，与你感情最深的人，用真诚赢得同学的友情。

2. 要讲信用。向同学承诺的事，办不到的不要信口允诺；答应了的事就要兑现，无论遇到多大困难，也要千方百计去履行自己的承诺，做到“言必信，行必果”。如果因其他意想不到的原因而无法完成，应诚恳地向对方表示歉意，不能不了了之。更不能欺骗同学，同学是一生一世的关系，“欺骗了一时，欺骗不了一世”。

3. 要讲尊重。同学之间人人平等，不分贵贱贫富，不论成绩好坏，也不管性格差异有多大，同学之间都要表现出必要的理解和充分的尊重。不要在比你学习成绩差、家境不如你、身体有缺陷的同学面前表现自己的优越感，更不能居高临下、盛气凌人。也不要事事表现自己，突出自己，觉得高人一等，胜人一筹。不要在同学面前说绝对话、过头话，不扫别人的兴，不以质问的口气对人说话。要用尊重换取尊重，“你敬人一尺，别人会敬你一丈”。

4. 要讲友好。要和同学交朋友，与同学建立深厚的感情，与同学有了矛盾，要妥善解决，不能激化矛盾，结成仇恨。

（二）四不

1. 不口出恶语。说话要讲文明，温文尔雅，不能出言不逊，自以为是，不能说奚落挖苦、刻薄侮辱一类的话，更不能说粗

话、脏话，不能出口伤人。俗话说："良言一句三冬暖，恶语伤人六月寒。"要用美好的语言融洽同学间的关系，不能用恶劣的语言伤害同学之间的感情。

2. 不口无遮拦。同学交往中，每说一句话前，都要考虑一下你说的话是否合适，不要想说什么就说什么。对钱财及个人隐私问题，别人不说，就不要追问，即便知道了，也不要乱说。不要评论他人是非，更不能无事生非，捕风捉影，传播小道消息。

3. 不开过分的玩笑。同学之间适当开开玩笑，可以活跃气氛，融洽关系，增进友谊，但开玩笑一定要适度，要考虑时间、场合、内容。对性格内向、多思善疑的人尽量少开或不开玩笑；在别人不高兴，心情悲伤或情绪低落、心绪烦躁时不宜开玩笑；图书馆、课堂里、医院中需保持安静的场合，不要开玩笑；玩笑内容要健康，风趣幽默，情调高雅，不可利用玩笑揭人之短，讥笑他人。

4. 不随便发火。达尔文说："脾气暴躁是人类较为卑劣的天性之一，人要是发脾气就等于在人类进步的阶梯上倒退了一步。"可见，动辄发怒是不文明的表现，对同学中的交往也危害极大。同学交往中，除非是原则问题，否则不要争得面红耳赤。不要为一些鸡毛蒜皮的小事生气，和同学翻脸，而要表现出气量和涵养。

二、与异性同学交往的原则

在男女同学交往中，我们既要反对"男女授受不亲"的封建观念，又要注意到"男女有别"的基本事实，反对那种言行随便、举止轻浮的不文明行为。与异性同学交往要讲究礼节性、距离性、公开性、群体性原则。

（一）礼节性

男女同学之间要以礼相待，平等相处，有礼有节。说话要讲文明，不讲粗话、脏话。开玩笑要注意方式，不要互相打逗。不对异性同学评头论足或起绰号。

与异性同学在一起时，要讲究仪表，举止得体，不忸怩作态或做一些不雅的动作，如剔牙、抠鼻子、掏耳朵、伸懒腰等。态度要端正，不轻浮，言语要客气、平和，不可嗲声嗲气、眉来眼去，更不能做出行为不检点的越礼之事。

（二）距离性

在社会生活中，尤其是在人际交往中，每个人都有自己的小世界，也可以说是“领土范围”，这就是心理学上所说的“个体空间”。每个人都生活在一个无形的空间范围内，这个范围就是他感到必须与他人保持的间隔距离。依据通常的情况，人们的个体空间需求大体可分为四种距离：公共距离、社交距离、个人距离、亲密距离。

男女同学之间的交往不适合“亲密距离（45 厘米以内）”——亲密空间，进入这一空间的一般是夫妻、父母、子女、恋人。男女同学交往适应的空间称为“个人距离（46 厘米～120 厘米）”，这是个人在远距离接触所保持的距离，不能进行身体接触。

（三）公开性

与异性同学交谈应选择在公开场合，不可秘密接触。只有两人交谈时，在室内应开着或半开着门，不可插门或锁门；在室外不可到较偏僻、隐蔽的地方。外出逛公园、看电影、逛商场等不要两个人单独行动，以免引起对方和他人的误会，给自己带来不良的影响，产生不必要的麻烦。

异性同学之间交谈的内容一般应是校园生活、学习范围内的事情，纯属自己和家庭的私事，尤其是自己内心情感方面的问题，没有必要讲给异性同学听，否则，易使对方产生误解、厌恶和反感。

（四）群体性

男女同学应多在集体活动中交往，如一起学习，一起劳动，一起参加其他活动，等等。在这些活动中，男同学要主动帮助女同学，上、下车时应让女生先上、先坐，遇到脏、累、苦、重和危险的事情，男生要积极、主动冲在前面，照顾和保护女同学，这是男子汉义不容辞的责任。

异性同学一般不要到对方宿舍串门，如有事找异性同学，可请宿舍管理人员或进出楼内的其他异性同学代叫。

交谈与倾听的技巧

说话要有分寸、有礼节、有教养、有学识，要避隐私、避浅薄、避粗鄙，不说粗话、脏话、大话、荤话、怪话、气话。

一、交谈的技巧

所谓交谈，指的是两个或两个以上的人所进行的对话。交谈是人们交流思想、传递信息、进行交际、建立友谊、增进了解的一种形式，它可以反映一个人的知识、阅历、教养以及综合的应变能力，应当讲究一下技巧。

1．语言要准确

在交谈中要注意发音准确，不说错字、错词，口齿清楚，不拖拖拉拉、重复不休；音量要适中，以让在座者听清为宜，语速要适度，内容要简洁，不用土语，慎用外语和网络语言。

2．语言要幽默

恰到好处的幽默能使人感到轻松愉快，使沟通效果更趋完美，可以活跃交谈的气氛，可以驱除交谈中的疲劳感，让人身心愉悦。

3．语言要礼貌

说话要有分寸、有礼节、有教养、有学识，要避隐私、避浅

薄、避粗鄙，不说粗话、脏话、大话、荤话、怪话、气话。

4．态度应谦虚、诚恳，神态要认真、专注

切忌武断，不要事事都以为自己的观点正确，对别人的不同意见横加驳斥。在倾听对方讲话时，切忌愁眉苦脸或心不在焉。

5．要回应对方，兼顾在座的每个人，不要唱独角戏，不要老用“我”字。

应迎合对方情绪，对对方的谈话绝不可以无动于衷，漠然处之；不要只顾自己谈得高兴，应让对方有说话的机会；不要无限制地使用“我”字，总是把“我认为”挂在嘴边。

6．不要随意插嘴，不谈只有少数人士感兴趣的话题

出于尊重他人考虑，在他人讲话时，尽量不要在中途予以打断；交谈时要选择一些在座的人都喜欢的话题，以激起别人交谈的兴趣，让别人愿意听，也愿意谈。

二、倾听的技巧

一个谈话高手，首先要学会倾听。倾听可以使说话者感到被尊重，可以缓和紧张关系，增进沟通，可以解除他人的压力，可以学到更多的东西。要学会倾听，应注意以下几点。

1．集中注意力，真心诚意地倾听

人的思考速度很快，往往超过说话的速度：讲话的速度是每分钟120～160个字，而思考的速度则是每分钟400～600个字。因此，在倾听时，需要强迫自己集中注意力，否则很容易走神。

如果你真的没有时间，或由于某种原因不愿听人谈话，最好客气地提出来：“对不起，我很想听你说，但我今天还有一些事

情要做。”礼貌地提出来，比勉强听或坐着开小差要好一些。

2. 要有耐心，不要随便打断别人的谈话

有些人话很多，或者语言表达紊乱，这时就要耐心听完他的叙述。即使听到你不能接受的观点，也要耐心听完，听完后可以反驳或表达你的不同意见。

当别人流畅地谈话时，不要随便插话打岔，改变说话人的思路和话题，或者任意发表评论。这些都被认为是没有教养或不礼貌的行为。

3. 偶尔提问或提示，可以澄清谈话内容，给讲话者以鼓励

在倾听的过程中，可以说：“你能详细说明一下刚才你讲的意思吗?”“我可能没听懂，你能再讲具体一点吗?”或引出提问或用评论的方法鼓励讲话人，如“这几条建议，你认为哪一条最好呢?”“这很有兴趣，请接着说。”同样可以适时用简短的语言以及点头微笑来表示你的赞同或鼓励。

4. 适时给予反馈

反馈就是用自己的语言复述对讲话人所表达信息和情感的理解，表明已经听到并理解了信息，你可以逐字逐句地转述讲话人的讲话，也可以用自己的语言表达讲话人的意思，如：“你的话是不是可以这样概括……”

常和父母交流

让父母在倾听我们心灵成长的声音中，给我们教育，给我们启迪，给我们帮助，让父母与我们一同欢乐，跟我们一起忧伤，陪我们一起成长。

许多教育家都认可这样一句话：父母是孩子的第一任老师。从小到大，我们从父母身上学到了生活常识，耳濡目染中，也养成了生活习惯和能力，学到了做人处事的道理，一步步成长为一个大写的“人”……虽然我们一天天长大了，成为了一名高中生，但仍然需要向父母学习。不仅向父母学习，还要向父母致谢致敬，向父母倾诉，让父母在倾听我们心灵成长的声音中，给我们教育，给我们启迪，给我们帮助，让父母与我们一同欢乐，跟我们一起忧伤，陪我们一起成长。

但随着年龄的增长，我们中的许多同学，在情感上拉远了与父母的距离，在心灵上减少了与父母的交流，孤独地行进在人生之路上，家不再是心灵的港湾，也不再是精神的驿站。曾经有位老师做过题为“你了解父母吗?”的调查，其中有一个项目是让同学们写出父母的生日，结果有 80% 的同学写不出来。父母平时给我们过生日，我们过生日时总是在父母温馨的祝福中享受着家的温暖，但我们连父母的生日都不知道，对得起父母吗？我曾经历过多次亲子共成长活动，这些活动都给我留下了无数感动和感慨。其中一次，主持者让学生把自己的父母背起来，当孩子们把父母背起来时，我看到了每位父母眼中都满含着泪花。我问其中一名同学："你给父母洗过脚吗？"他摇了摇头。我又问："你记得父母给你洗脸、洗脚、洗澡的情形吗？"他点了点头。是呀，我们的生命中注入了父母无数的心血，但父母的生命中有我们的感恩和爱戴吗？

可能，我们会有这样那样的理由：父母只会唠叨，令人心烦；父母对学习要求太高，压得人喘不过气来；父母的学问太浅，帮不上我什么忙；学习这么紧张，哪顾得上和父母交流……这些都不应该成为我们不和父母交流的借口。

那么，我们应当和父母交流什么？一是交流生活中、成长中的感悟。我们对生活的认识、对社会的看法还不十分成熟，仍然需要父母继续担当我们的生活指导老师和人生导师，让父母指点我们适应生活，让父母引领我们在人生路上扬帆起航。二是交流学习，交流在校活动，交流自己的特长发展，交流兴趣爱好，让父母了解你的学习现状和发展状况，让父母给你成长建议和发展指点。三是交流与老师和同学相处、交往的故事，让父母帮助你提高与人交际的能力，让父母破解你在人际交往中出现的问题。四是交流快乐，也交流烦恼。有了快乐，让父母高兴高兴，父母会在分享你的快乐中获得莫大的欣慰；有了烦恼，告诉父母一声，你会在父母用爱心与真诚凝成的叮嘱中获得莫大的安慰。记住，父母是分担我们忧愁的可靠人选。世界上没有任何人能替代父母的爱，我们现在还年轻，年轻时的忧愁可以分一部分给父母，等以后我们真正长大成人了，再为父母排忧解难：这是人类繁衍的必然规律。

与父母交流，也要讲一讲策略和方法。不便当面交流时可以写一封信，或把自己的日记有选择地拿给父母看一看。和父母有心结了，可以托一托亲友和同学，让他们帮助沟通一下。经常打个电话，发个短信，没有大事商量，一句关爱的话也会让父母心生感动。回家时帮父母做点家务；父母生病了，照顾一下；给父母倒杯水，给父母递递饭，给父母夹夹菜，给父母捶捶背，这些看似微小却充满尊敬和爱意的动作，一定会让父母高兴和满足的。

有首歌叫《常回家看看》，我们的歌是《常和父母交流》。

和同学比什么

要健康地比，理智地比，正面地比，积极地比，比出进步，比出发展，比出优秀，比出卓越。

对青年学生而言，比是不可缺少的，也是不可避免的，但是有积极地比，也有消极地比，我们应该多从正面比，少从负面比，在与同学比的过程中，找到差距，看到优势，学习别人，赶超别人，使自己从平凡走向优秀。

消极地比，通常称为“攀比”。心理学认为，攀比的心理基础是“自我”和“虚荣”，追求的是“别人有的我要有，别人没有的我也要有”。这种比主要是物质享乐方面的，通过比，以突显自己的地位，获得心理满足。中学生处于由幼稚走向成熟的阶段，心理变化大，情感脆弱，思维能力欠缺，如果不加强修养，不注意调节，很容易使虚荣心膨胀起来，心理上产生价值偏移，导致缺少理性的盲从攀比。

那么，在同学中存在哪些错误的攀比呢？一是比家庭，比父母地位和财富。家境不太好的同学，父母社会地位低的同学，觉得没有生长在一个优越的家庭中，矮人一截，瞧不起父母，产生了严重的自卑心理，心情郁闷，性格不开朗。二是比穿戴。看谁

身上的名牌服装多，看有的同学买了新衣服，不管自己需要不需要，买得起买不起，也去买，然后比一比。三是比吃喝。你喝矿泉水，我就喝果汁，你吃麦当劳，我就吃肯德基，一天花掉十几元，零花钱没有节制，没钱了向同学借，向老师借，向亲戚借，有的发展为骗，发展为偷，发展为抢，甚至不惜走向犯罪的道路。四是比时髦。别人家买了电脑，自己家也要追新潮买一台；有的同学买了一件学习用品或艺术、体育用品，不管自己会不会，用不用，也要买一件玩一玩；手机档次越换越高；一切时尚的东西都想试一试，比一比。五是比排场。比生日排场，乱买礼品，大吃大喝；比节日排场，逢节必过，过则聚会，聚在一起吃喝玩乐。六是比玩乐。比上网，比蹦迪，比卡拉 OK，比旅游，比打球，忘了自己的主要任务是学习。

这样比来比去的危害是十分严重的。一是盲目攀比加重了家庭的经济负担，使一些贫困的家庭更加不堪重负。二是盲目攀比影响了学业，有的同学耽于玩乐，不思学习，学习成绩下滑；有的同学心理失衡，引发心理问题；有的同学产生了厌学情绪，或者产生了学习无用的想法，不学无术，误入歧途。三是盲目攀比影响了正常身心发展，诱发了欺骗、敲诈、小偷小摸等不良问题。

以上这些攀比是应当坚决避免的。那么，同学之间应当比什么？怎样比？一是要比思想，比觉悟。比思想进步还是落后，比觉悟高低，使自己成为一个努力寻求思想进步、不断提高觉悟的学生。二是比品德，比修养。比道德高尚不高尚，言行文明不文明，使自己成为一个遵守中学生守则的学生，一个合格的公民，一个品行纯正的人。三要比学习，比进步。将心思放在学习上，努力提高学习效率，掌握正确的学习方法，使自己的学习获得更大的进步，实现自己的升学愿望。四要比习惯，比规范。模范遵守《学生日常行为规范》，养成良好的生活习惯、行为习惯、学习习惯。五是比特长，比发展，使自己成为一个特长显著、全面发展的学生。六是比团结，比服务，使自己成为一个团结同学、乐于合作、热心为同学服务的学生。

总之，要健康地比，理智地比，正面地比，积极地比，比出进步，比出发展，比出优秀，比出卓越。

◎让生活充满阳光

我们希望别人带给我们快乐，带给我们幸福，我们就要送给别人快乐，送给别人阳光；我们希望别人喜欢，希望得到别人的尊重和赞许，我们就要对同学友好，给同学赞美，用赏识的眼光看待同学。

做一个充满阳光的学生

有什么样的心态，就有什么样的生活；有乐观的心态，才会有快乐的生活。

不要把好心情弄丢，不然坏心情就会乘虚而入。

高中阶段是人生奠基的关键阶段，在这个阶段中同学们的人生观、价值观逐渐形成，对世界的看法、对社会的认识有了自己的初步见解，人的性格、品质也处在重要形成过程中。所以，高中阶段阳光不阳光，影响着一生，决定着命运。那么，怎样才能成为一名阳光的高中生呢？

一、具有阳光的心态

哲人说："一个人生活得阳光不阳光首先取决于一个人的心态。人生最大的敌人，是心态不健康，一个心态不健康的人一定是一个失败的人。"健康的心态就是阳光心态，阳光的心态就是乐观的心态。在社会上，在学校中，一个人如果没有阳光心态，被阴影笼罩，怀疑自己的生命，悲观失望，消极对待学习和生活，最终就会被困难吓倒，与成功擦肩而过。柯维博士说："在忧虑的心理上，不论其困难何在，对于身体上的影响总是相同的，每种感观都因此削弱了。在沮丧的心情下，身体上的感官就退化了。自行衰弱或阻碍的情形混合，将立刻引出真正的疾病来。”因此，要快乐起来，让自己拥有健康的心态。

健康的心态主要就是快乐的心态。“是的，世界上没有任何一件事情，能够像愉快、有希望、乐观的热情那样，卸除生活的苦役，使生活圆满甜蜜。”（《高效能人士的七个习惯》）柯维博士说过：“要想保持健康，治疗疾病，喜乐是一个最重要的因素，它那和药一样有用的力量，不是人为的肌肉组织中的兴奋，接着跟来的反应作用和更大的耗费，就好似许多麻醉剂那样。喜乐的功效经过正常的途径，真正给予人生机。”我们想的是快乐的事情，我们就能快乐；如果我们想的是悲伤的事情，我们就会悲伤。要学会忘却，忘却忧伤；要学会调整，调整自己的心态，让自己快乐起来。

一个人快乐心态下做出来的事，常常是健全而完善的，有什么样的心态，就有什么样的生活；有乐观的心态，才会有快乐的生活。成功总是与乐观形影不离，而失败总是伴随那些消极悲观的人。

二、具有阳光的性格

一是具有追求上进的性格。上进心是同学们要求学习进步和不甘落后的心理愿望，是同学们易于战胜困难并不断前进的内在动力，是同学们坚持理想且为理想不懈奋斗的思想信念，是引领同学们全面发展、成人成才的精神导向。二是具有自制自控的性格。遇事不冲动，能控制自己的情绪和行为，拒绝诱惑，意志坚定，不怕挫折，永不言败。三是具有善于交际的性格。具有宽容别人的品质，真诚坦率地接人待物，谦虚诚恳地为人处事，讲诚信，讲合作。四是具有变通善思的性格。善于思考，思维活跃，坚持而不固执，自信而不骄狂。

在这些性格中决定同学们阳光不阳光的因素主要是坚韧的毅力、宽广的胸怀、合作的品质和开朗的个性。最重要的是要有开朗的性格和豁达的心态。

三、具有阳光的心境

心思不要太复杂，要注意清洁自己的心灵，清除心灵中不健康的东西，保持心思的单纯，心思越单纯，心中的烦恼越少。不要为了芝麻大的小事而斤斤计较、耿耿于怀，对小事要一笑了之，或不予理睬，或坦然处之，让自己的心里只留下学习和美好的事情。

不要胡思乱想。烦恼因事而生，因想而起，你招揽的事情越多，产生的烦恼就会越多；你想得越多，心思越不平静，注意力无法集中，学习感到困难，心中更加烦躁。

丢什么也不要丢了好心情。心情的好坏是一个人心境的晴雨表。心情好的人，脸上写着微笑，做事透着舒心、乐意，学习起来不知道什么是累，什么是困难；心情不好的人，脸上阴云密布，做事没激情、兴趣，学习安不下心来，整天无精打采。

不要把好心情弄丢，不然坏心情就会乘虚而入。保持一份好心情吧，让自己的心灵有片绿洲。只要心情好起来，你就变得阳光起来，只要你阳光起来，你就会顺利地走向美好的未来。

品味友谊的甜蜜

我们希望别人带给我们快乐，带给我们幸福，我们就要送给别人快乐，送给别人阳光；我们希望别人喜欢，希望得到别人的尊重和赞许，我们就要对同学友好，给同学赞美，用赏识的眼光看待同学。

马克思把交往比喻为“人们日常生活、日常接触中的必然伴侣”。在生活中，我们几乎每天都要与人打交道，因为人不可能长期孤独地生活。我们来到学校，生活在一个班级内，一个学校大家庭中，要与同学交往，要和老师交往，要和学校内的一切人交往；走出校门，我们会和社会上形形色色的人交往。一个人不能脱离社会，脱离集体。只有积极投身集体，参与社会，愉快和睦地与人相处，才可以获得进步和成功所需的各种资源，才可以从与他人的共同学习中感到喜悦，才可以与他人一起体味生命中的每一次感动，分担生命中的每一分痛苦，共享人生中的乐趣与幸福，才能相互帮助，相互扶持，共同战胜人生之路上的困难，携手迈向美好的未来。

《论语》中说：“益者三友，损者三友。”《学记》中有句名言：“独学而无友，则孤陋而寡闻。”人的成长离不开朋友，同学

们的进步离不开同学间的友谊。要注意择友而交，共同进步。古语说："近朱者赤，近墨者黑"，"入芝兰之室，久而不闻其香；入鲍鱼之肆，久而不闻其臭"。同学之间的相互影响是巨大的，要善择良友而交，要与同学建立正常的良好的友谊。学习上相互帮助，生活中相互关照，共同进步，积极向上。要远离危险的人物，远离生活中的小人和邪恶之人，不能把友谊建立在聚餐、上网、抽烟、喝酒、打牌、玩游戏上，更不能把友谊建立在做坏事，甚至于违法犯罪之上。交友不慎，轻者影响学习成绩提高和个人品德养成，重者上了贼船，被拖下水，走上违法犯罪之路。近几年，中学校园时有恶性事件发生，有些同学为所谓的朋友两肋插刀，聚众械斗，致人死伤，造成严重后果。高中阶段，有些同学在一起，不求上进，吃喝玩乐，一遇事讲哥们义气，不分是非黑白，不计后果，最终酿成人生悲剧。

在与人交往的过程中，我们需要不断提高交往的能力，学习一些基本的人际交往技巧，这将有助于我们更好地与人和谐相处。下面，介绍几个人际交往的办法。

1. 了解同学的兴趣爱好。福特说过罗斯福与人交往的一个经验："无论一个牧童或骑士，政客还是外交家，罗斯福都知道应该对他们说什么话。"只有了解了别人，有针对性地与别人交往，话说进别人的心里去，才能顺利地打开友谊的大门。柯维曾说："一个不能了解别人的人，不可能做成大事。"同样，一个不能了解别人的人，建立不起真正的友谊。

2. 择善而交，与优秀的人交朋友，特别注意与品学兼优的同学交朋友。奥金森·马登指导我们说："错过与你的同辈，尤其是比你更优秀的人交流的机会，永远是一个极大的错误，因为你本来可以从他们身上学到许多有价值的东西。"在与同学交往中，要善于发现别人的优点和长处，多赞美别人，做到"三人行，必有我师"。

3. 站在对方的立场上看待问题。遇事多设身处地想一想事情的前因后果，培养自己谅解别人、理解他人的品质，对人对事有大气，讲胸怀，不斤斤计较，不睚眦必报。

4. 学会宽容地对待他人。不在背后议论别人，不讽刺、打击他人；原谅别人的过错。遇到任何事情和人物时，都要静下心来，控制住自己，忍让他人，包容他人。

5. 讲诚信，守信用，以诚待人，不说谎，不传谣信谣，不欺骗别人，不打听别人的秘密和隐私。

6. 同学之间的交往要拒绝庸俗，不搞小团伙，不拉帮结派，尽量减少物质往来，增加心灵沟通。

7. 不意气用事，分清是非，坚持公正，与每一个同学都搞好关系，建立友谊。

8. 学会给予。在与同学交往中，我们不但收获同学的友情，同时也要付出自己的真情和行动。友谊是相互的给予，这就是人际交往中的"照镜子效应"：在与人打交道时，我们对待别人的态度会在别人对我们的态度中反射回来。如同你站在一面镜子前，你对别人微笑，别人也会对你微笑；你皱眉，镜子里的人也皱眉；你叫喊，镜子里的人也叫喊。所以，如果你希望别人怎样对你，那么，你就要怎样对待别人。

我们希望别人带给我们快乐，带给我们幸福，我们就要送给别人快乐，送给别人阳光；我们希望别人喜欢，希望得到别人的尊重和赞许，我们就要对同学友好，给同学赞美，用赏识的眼光看待同学。我们用真诚的心去善待同学，我们与同学相处的日子就会阳光灿烂，幸福快乐。

赠人玫瑰，手留余香

在生活学习中“与人方便，便是与己方便”；帮助别人，实际上就是帮助了自己；一点爱心，举手之劳，能换取浓厚感情和回报；一次帮助，等于交了一个朋友；交了一个朋友，等于为自己开辟了一条道路。

中华民族是个乐善好施的民族，几代人学习的楷模雷锋，最高贵的品德是“助人为乐”，他处处为他人着想，真诚地帮助别人，从帮助别人的过程中得到快乐。

在我们的学习和生活中，有许多同学需要我们的帮助，学习上可以帮助，生活中可以帮助，甚至于我们的老师有时也需要我们伸出援助之手。帮助别人的形式很多，有时候只是需要一点付出：一小段时间，一句关怀的话语，一个温暖人心的动作，一支铅笔……

俗话说：“投之以桃，报之以李”，“滴水之恩，当涌泉相报”。只有你帮助别人，当有一天你有困难了，别人同样也会帮助你。有时可能不会马上报答，但他一定会记住你的好处，当你需要帮助时，他会给你以回报。正如《水木格言》所说：“如果你一心利益他人，即使根本不求回报，回报也会突如其来。”

就像弗莱明，他本是个穷苦的苏格兰农夫，有一天在田里劳作时，听到附近泥沼里有人发出求救的呼喊，于是赶紧放下农具跑过去，发现有一个孩子掉进了里面，就连忙把他救了出来。第二天，一辆崭新的马车停在了他家门口，走下来一位优雅的绅士，这位绅士说："我要报答你，因为你救了我儿子一命。"农夫拒绝道："我救人不求任何回报。"就在这时，农夫的儿子从屋外走进来，绅士问："这是你儿子？"农夫答："是。"绅士说："那好，我们订个协议，让我带走他，让他接受良好的教育，确保将来他成为一个令你骄傲的儿子。"后来，这位农夫的儿子从圣玛利亚医学院毕业，成为亚历山大·弗莱明爵士，也就是青霉素的发明者，1945 年获得了诺贝尔医学奖。再后来，绅士的儿子染上了肺炎，正是青霉素救了他的命。那位绅士的儿子是谁呢？就是曾任过英国首相的丘吉尔。

一个人对另一个人的帮助，改变了人的命运，也改变了世界。

退一步讲，你帮助别人，他即使不报答你的关心和爱护，但也可以肯定地讲，他日后至少不会做出对你不利的事。如果大家都不做不利于你的事情，这不也是一种极大的帮助吗？

因此，在同学中，当同学遇到困难的时候，我们要尽最大努力帮助他们，要把相互帮助作为和同学相处的基本原则坚持下来。因为，相互帮助，不仅可以解决平时遇到的困难，同时还可以在互帮互助中共同进步，共同提高。假如我们不肯帮助同学，也就不会得到同学的帮助。一个不愿帮助同学的人，一定是一个自私自利的人，这样的人不会有朋友，会在同学中受到冷遇，会成为“孤家寡人”，内心痛苦，孤立无援。这样的人还注定心胸狭窄，遇事畏难发愁，常有失败感、挫折感，很难以积极健康的心态来面对学习，不会在同学的友好交往中全面而快乐地成长。

我们谁都不喜欢没有朋友，我们谁都不愿生活中蒙上阴影，谁都不想做一个抑郁寡欢的人。其实，培养帮助别人的习惯并不难，只要我们在和别人相处时有一份爱心，在别人需要帮助时伸出一只手，就可以使世界变得更加美好，就可以使我们的生活充满爱的阳光，就可以让我们在帮助别人中享受快乐。

我们可以通过以下方式，培养自己乐于助人的习惯和品质。

1. 正确理解对他人的帮助。要清楚，在生活学习中“与人方便，便是与己方便”；帮助别人，实际上就是帮助了自己；一点爱心，举手之劳，能换取浓厚感情和回报；一次帮助，等于交了一个朋友；交了一个朋友，等于为自己开辟了一条道路。

2. 从现在做起，从小事做起，立即行动，有求必应。每天为别人做一件好事，“勿以善小而不为”。同学之间没有“惊天地，泣鬼神”的大事，有时一个眼神、一个动作、一句话语，就功德无量，作用巨大。

3. 从身边做起。培养乐于助人的习惯，应当从身边做起。在家里从帮助父母做起，从帮助兄弟姐妹做起，从帮助左邻右舍做起；在学校，从帮助同学做起，从帮助本班同学做起，从帮助全体同学做起。

4. 把同学当作自己的家人。我校正在建设以班级为单位的家庭文化，每一个班级就是一个家庭，全校是一个大家庭。在这个大家庭中，每位同学都是你的兄弟姐妹，要在认亲活动中积极结交好朋友，因为这些朋友不仅在校内期间会帮助你共同进步，毕业后也是扶持你发展的珍贵资源。

5. 积极参加献爱心活动。像我校青年志愿者那样，到特殊教育学校为残疾孩子献爱心；到敬老院、养老院帮助孤寡老人；走上社会，为社会上的人做一些力所能及的事情；为希望工程捐献些零花钱或图书，为贫穷的孩子献上温暖。

只有养成帮助别人的习惯，心里始终想着别人，人生才能更加圆满。最后，再看这样一个故事。

一个盲人在夜晚行路时，手里总是提着一个灯笼。别人看了觉得很好奇，就问他："你自己看不见，为什么走路时还要提着灯笼？"盲人说："这个道理很简单，我提着灯笼并不是给自己照路，而是为别人照路。我手里提着灯笼，别人就容易看见我，这样就不会撞到我身上，既可以保护自己的安全，也帮助了别人，何乐而不为呢？"

让我们也为别人点亮一盏灯吧！

在分享中共同进步

学会了分享，才能有朋友；学会了分享，才能当你出现困难时有人帮助你；学会了分享，你才能在帮助别人的过程中体验快乐；学会了分享，你才能完善自己的品质，充实自己的人生，成为一个受人尊重的人；学会了分享，你才能影响别人，感动别人，激励别人，同他人一起共同发展，共同进步。

进入高中后，我们中的很多同学开始变得“两耳不闻窗外事，一心只读圣贤书”，只关心自己的学习，不愿与同学接触，不会与同学分享，进步不快。

科学家们曾观察到，黑猩猩有自私的行为，也有分享的行为。当科学家把食物放进园区的时候，大部分黑猩猩都会跟同伴分享食物，所以能够吃饱。但是有少数几只黑猩猩会独吃自己抢到的食物，不让同伴接近。而科学家所供应的食物是足以让每一只黑猩猩都吃饱的。换言之，独占一堆食物的猩猩吃不下那么多食物，它只是出于自私想要独占。

经过长期的观察，科学家们发现了一个有趣的现象：这几只会独占食物的黑猩猩开始尝到自私的恶果。因为它们并不是每次都能抢到食物，有的时候，食物被别的黑猩猩都占去了，而当它

们想要靠近的时候，这些猩猩会排斥它们。但是有趣的是，当其他有分享行为的猩猩接近时，这群抢到食物的猩猩是愿意跟它们一起分享食物的。

科学家在观察的过程中，看到这个现象重复并且稳定地出现，因此，他们认为这是黑猩猩在学习社会化的过程。这几只自私的黑猩猩正在学习分享的行为，如果它们不愿意改变，不愿意与别人分享，它们可能就要面临常常饿肚子的情况，而那些愿意与同伴分享的动物则不会。

同样，人亦如此。学会了分享，才能有朋友；学会了分享，才能在你出现困难时有人帮助你；学会了分享，你才能在帮助别人的过程中体验快乐；学会了分享，你才能完善自己的品质，充实自己的人生，成为一个受人尊重的人；学会了分享，你才能影响别人，感动别人，激励别人，同他人一起共同发展，共同进步。

青年创业领袖俞敏洪谈到自己在北京大学读书的时候，感受最深的一点是与同学们共享建立起来的深厚友情。几年如一日，他一个人坚持为全宿舍的人打开水，坚持与同学一起共享阅读的幸福，共享思考的成果，共享学习的感受，与同学精神上同呼吸，生活上同甘苦，奋斗中共命运。等到他创办“新东方培训学校”时，向他的同学们发出邀请，凡被邀请的同学全部放弃了国外发展的优越条件或国内已拥有的优厚待遇，投入他的团队。所以，俞敏洪今天的成就，早在同学时代就已经做好了良好的准备和铺垫。

既然分享如此重要，那么与同学分享什么？一是分享困难，分享问题。我们在学习、生活中都会遇到这样那样的一些困难和问题，首先要主动帮助他人，当他人向自己求助时，不要推辞，要热情对待，热心帮助；其次，我们自己遇到问题时，也要学会寻求帮助，不要爱面子，羞于开口，只不过让谁来帮、怎么让人来帮要有所考虑。二是分享经验与体会。我们每个人对学习对生活都有自己的理解和看法，都会总结归纳出一些规律性的东西，要通过讨论，共同探究，交流思想，互通信息，做到你中有我，我中有你。三是分享成果，分享收获。有了成绩不是一个人的，是同学帮助的结果，要与他人一起分享喜悦和快乐，由一个人的喜悦和快乐，变成众人的喜悦和快乐。可以分享的还有很多，只要你有分享的意识，就能实现分享的目的，就能享受分享的快乐。

其实，分享就是一种相互帮助：帮助别人，快乐自己；接受帮助，提高自己。这样，帮助别人是一种快乐，被别人帮助也是一种快乐，我们的高中生活就会充满快乐，高中三年就会实现理想，与同学共同进步。

寻找高中生活的快乐

不是生活中没有快乐，而是我们缺少一颗寻找快乐的心。

人生的目的是什么？是快乐。追寻快乐是人的天性之一，也是高中生活的目标之一。

但这个目标的实现，对有些同学而言，却相当困难。有些同学进入高中后，不适应高中阶段的学习，随着学业课程的加深，成绩不进反退，失败的阴影时时笼罩着自己；有的同学在初中时曾出类拔萃，父母为之骄傲，老师为之赞美，同学为之羡慕，升入高中后，强强相遇，必有先后，而一旦落后，就尝到了从来没有过的失落滋味；有的同学，不善与人交流，交际能力偏低，缺少互帮互助的伙伴，在行进的路上孤孤单单，过着“独行侠”的生活；有的同学，不善排解生活中的烦恼，遇到不称心的人、不如意的事，往往激化矛盾，徒生事端；有的同学受青春期心理变化的影响，时常情绪低落，天天处在苦恼不安之中；有的同学不注意培养对学习的兴趣，越学越累，越学越苦，出现了厌学苗头；有的同学不喜欢参加课外活动、社团活动，没有找到学习之外的其他乐趣；有的同学不愿参加集体活动，不能把自己融入到学校、班级这个大家庭之中，没有感受到大家庭的温暖……凡此种种，夺走了高中生活应有的快乐，让高中生活变得死气沉沉，了无意趣。

高中生活真的如此灰色无光吗？高中生活原本这样烦闷困苦吗？应当如何感受高中生活的快乐？从哪里寻找高中生活的快乐呢？

一、从学习中寻找快乐

1. 别去计较考试的名次

考试成绩有升降是十分正常的。名次提升了，当然值得高兴；名次下降了，绝对不全是一件坏事，它让你早注意早发现了学习中的问题，真正到高考时会避免这些问题，岂不是一件好事？为这样的“好事”而不快乐，大可不必。

2. 把攻克难题当成乐趣

做题像打仗一样，攻下一个山头，取得一个胜利，做出一个难题，取得一个成果。一个难题一个难题攻下去，在一次一次成功的体验中，不仅获得了成就感，而且获得了愉悦感。

3. 把上课看成阅读一部情节曲折、引人入胜的小说

老师的课堂充满了精心的设计，每一个问题设计，都是一个动人的故事。我们应当在老师的思维引领下，与老师进行积极的思维对话。这如同阅读优美的小说一样，不能漏掉任何一个细节，不能跳过任何一个章节。一个细节一个章节读下去，徜徉于知识的殿堂，欣赏着知识的风景，在如醉如痴的“阅读”中，不知不觉就下课了。这是何等地享受？

4. 自习就是由你亲自指挥的一首交响乐

把自习当成一首交响乐，在这首交响乐中你可以分出不同的乐章，给语文，给数学，或者给英语，总之要把每段乐章演奏的时间规定好。你可以独奏——独立完成作业；也可以合奏——遇到不明白的问题请教一下同学。想象一下，在你指挥下，演奏一首跌宕起伏、起承转合的乐章，该有多么美妙！

二、从课余时间中寻找快乐

课余时间是一片快乐的天地，千万不能闷在教室里读死书。

走出教室，到操场上去，喜欢打球，就打打球；喜欢跑步，就跑跑步，把学习的烦恼全部抛在一边，尽情地玩，尽情地闹，释放出全部的压力。

走出教室，到社团中去，或抚琴低吟，或挥毫泼墨，或制作一个模型，或研究一个课题，探讨你喜欢探讨的问题，做你喜欢做的事情。累中自有乐，苦中也有甜。

走出教室，到大自然中去，看云舒云卷，花开花谢；观潮起潮落，涛生涛灭。大自然会稀释掉你的苦闷，让你重新找回快乐的自我。

走出教室，到同学中去，与同学聊聊天，谈谈心，在心灵与心灵的相互慰藉中，增进友情，调节心情。

走出教室，回到家中，为家中的花浇浇水，帮妈妈拖拖地，同父母说几句话，将学校里的事情置之脑后，你会觉得温馨而轻松。

总之，快乐无处不在。不是生活中没有快乐，而是我们缺少一颗寻找快乐的心。

过一个快乐而又充实的假期

将玩与学结合起来，过一个快乐而又充实的假期。

整个高中阶段，粗略统计，假期时间近二百天。如何度过假期，是同学们应当认真考虑的大问题。我的建议是：放假不放学。不过，这里所谓的“学”，不单纯指学习文化知识，还包括学习生活知识、劳动知识、社会知识，包括学习课本之外的所有知识。

一、对三年高中阶段的长假要有一个规划

三年之中，同学们要度过三个寒假、两个暑假，每个寒假21天，每个暑假49天。这么长的假期，如果没有计划，漫无目的地走过来，将是三年高中学习的重大损失。在制订假期计划时，我认为应考虑这么几件事。

1．行万里路

假期中可以考虑外出旅行。经济条件好的同学，可以走得远一点，看的地方多一点；经济条件差一点的同学，可以考虑徒步旅行或骑自行车旅行。旅行前要针对沿途停留的地方和目的地的历史、文化、经济、风土人情等情况进行专门的了解，要明确旅行的目的，将旅行作为一次学习考察活动，通过旅行开阔眼界，增长见识。也要将旅行的见闻记录下来，像马可·波罗和徐霞客那样，留下一些生动的游记。

2. 读万卷书

假期是集中读书的最好时间，要制订专门的读书计划，建立读书笔记，撰写读书心得。建议读一部分名人传记，从名人成长经历中得到启发；读几本经典，如《史记》《资治通鉴》《论语》等；读几本名著，读几本畅销书，读几本励志类的书。也可根据个人爱好，读几本感兴趣的书。

3. 适当参加劳动锻炼

一是参与家务劳动，帮助父母做一些力所能及的家务，以此表达对父母的帮助和感恩，并从中增长家务劳动技能。二是参加一些社会劳动，在社会劳动中锻炼自己的意志，加深对社会实践的体验。

4. 补课

可以利用假期对感觉吃力的课程进行补习，为开学后的学习打下较好的基础。也可有选择地参加一些社会辅导班，如自主招生辅导、奥赛辅导、电脑制作、机器人大赛等，因为这类的考试和竞赛仅凭借在校时的学习，很难取得突出成绩。但放假就是放假，补课时间不宜太长，怎么也要留出一些玩的时间。

二、要处理好几个关系

1. 处理好玩耍、休息与读书、学习的关系

假期主要是用于休息的，不要放了假仍然像没放假那样只知

道学习，不注意玩耍、休息。要选择自己爱好的活动和娱乐项目调整一下身心，释放一下在校时的学习压力，如打打球，弹弹琴等。但也不能一味玩耍、娱乐，也要穿插读书和学习。将玩与学结合起来，过一个快乐而又充实的假期。

2. 处理好家务劳动与社会实践的关系

参加家务劳动主要是表达对父母孝敬的心意，劳动本身技术含量低，收获不了太多劳动体验和知识，要提高实践能力，还需要到社会这所大学校中学习锻炼。所以，要寻找一定的机会，参加一些社会实践活动。参与社会实践活动贵在体验，贵在与所学知识联系起来。社会实践能力是一个中学生必须具备的能力，只有与社会实践结合起来，知识才能转化为真正有用的知识，这就是我们常说的"实践出真知"的道理。

3. 处理好课程学习与课程之外知识学习的关系

对部分同学而言，假期是课程学习和复习的有利时机，要把假期作为在校学习的一种延伸，利用假期强化薄弱的学科，赢得学习的主动，从这个意义上说，假期是追赶别人、转化自己的重要机会。但只温习课本知识是存在极大局限性的，要将学习视野开拓出来，广泛涉猎各种知识，将自己的心灵放在宽广的土地上尽情滋养，使自己成为一个积极向上、素质全面的学生。

三、做几件有意义的事情

1. 坚持写假期日记

在假期中，要坚持写日记，记下自己每一天的活动，反思一下自己每一天的所作所为，特别应总结一下生活的感受，让自己在生活中感悟，在实践中体验，在自我教育中成长，在自我约束中进步。

2. 参加一次公益活动

我们的成长离不开爱的甘露的滋润，当我们享受着别人给我们的爱的时候，不要忘了，生活中还有许多人需要我们为之付出爱心。有首歌的歌词说得好："只要人人都献出一点爱，世界将会变成美好的人间。"让我们也为这个美好的世界献出自己的一点爱心吧。比如，可以到敬老院去，为老人们做点事；可以参加青年志愿者活动，为公益活动尽一份力量；可以像雷锋那样，为社会做几件好事……

3. 写一份实践探究活动报告

同学们要基于直接的实践经验，密切联系自身生活和社会实际，撰写体现对知识技能综合运用的实践报告。要通过撰写实践报告，增强探究和创新意识，掌握科学研究的方法，发展综合运用知识解决实际问题的能力，培养对社会的责任感。

4. 写几篇读书心得

假期中除大量阅读外也要精读几本书，写出读后感，让自己在阅读中更好地成长。

5. 改掉坏毛病

假期中如果不注意约束自己，过于放纵自己，很容易在破坏掉已经养成的良好习惯的同时，形成一些坏习惯。如没有作息约束，养成了睡懒觉的毛病；上网不节制，形成了网瘾；贪玩，不热爱劳动，不喜欢读书，不爱好运动；不讲究卫生，暴饮暴食；

不体谅父母，经常惹父母生气，等等。所以，要下决心保持良好的习惯，并要求自己用顽强的毅力将坏毛病一个一个改掉。改掉一个坏毛病，等于拥有了一种好品质。

6. 做好开学准备

要按要求独立完成作业，对作业中遇到的困难及时寻求老师和同学帮助，不能抄袭作业，弄虚作假，自欺欺人。要提前预习一部分开学后的功课，力争使自己能顺利适应开学后的学习。要准备好开学后需要的学习用具、学习资料和生活用品，以免开学后手忙脚乱，影响正常学习。

用经典滋润心田

传统文化中的经典，是思想的支撑，精神的纲领，是一个民族最宝贵的文化遗产，是一个人成长最需要的营养。

南怀瑾先生说过：“一个国家，一个民族，亡国都不怕，最可怕的是一个国家和民族根本文化亡掉了，这就会沦为万劫不复，永远不会翻身。”接触和学习优秀传统文化，传承中华民族的血脉，筑建我们的精神家园，是时代发展的需要，是我们精神生活的需求，也是对一名高中学生健康成长的要求。

李申申教授曾指出：“传统文化的核心精神，是弘扬崇高的道德，追求完美的人格，以及对于真善美的一种渴望。这些东西是我们民族最核心的精神内涵，都非常好地蕴含在我们的经典里面。”所以，诵读经典，是我们传承优秀文化传统的一个有效途径。经典的意义，不仅在于它是先哲们留给后人的经验和训诫，更是对我们人生成长的指导和引领。我们阅读经典，是与先哲穿越时空的心灵交谈，是一种春风化雨般的浸润过程，在这种交谈与浸润过程中，你会获得做人做事的宝贵智慧，你会获得丰富的精神营养，让自己高尚起来，让自己的心胸和头脑变得清新和丰盈起来。

我们学校正在开展经典诵读活动，在这些经典诵读活动中，我们向同学们推荐了以下作品。一是古代蒙学读物。如《增广贤文》《三字经》等，这是前人为人们规定的道德行为规范，其中的许多内容仍然是我们今天安身立命的坚实基础和为人做事的价值依据，应当细细品读。二是治学治家格言。如《弟子规》《朱子家训》等，文中的许多思想虽然宣扬的是封建的师道尊严和伦理道德，但是，剔除它的封建糟粕，取其精华，其中很多道理仍有极大的现实指导意义。比如，《朱子家训》提倡日常生活要注意勤俭节约，饮水思源，“一粥一饭当思来之不易，半丝半缕恒念物力维艰”，这两句话与唐朝诗人李绅的著名诗篇“锄禾日当午，汗滴禾下土。谁知盘中餐，粒粒皆辛苦”，异曲同工，成为传诵久远的名训，教育了一代又一代华夏子孙。三是《论语》。中华民族有几千年的文明史，在此过程中积淀而成的文化成果硕大丰富，而其核心就是绵延旺盛的儒学；而儒家经典，首推《论语》。古人曾说半部《论语》治天下，有人分析说，《论语》至少给人三个惊奇：一是这部两千五百年前的著作，我们今天读来竟发现，所讲的每一个道理，所给予的每一个忠告，仿佛就是针对我们生活中身边的人和事，离我们那么近，讲得那么深刻，而那些林林总总的关于人生智慧的书籍，只不过是《论语》中一些论点的翻版而已；二是一部《论语》，既是一部哲学著作，又是一部思想智慧书，更是一部伟大的文学经典，其洗练的文笔几乎

让每一句话都成为了警句名言，令人回味无穷；三是你会发现，在很多人的认识里，孔子是一副既博学又古板的严师形象，读罢《论语》，你会深切地体悟到，他是那么睿智，那么幽默，又那么亲切，是一位解疑答惑的明师，是一位熟谙人情世故的长者，也是一位敦厚善良的朋友。

当然，经典作品不仅仅限于以上这些。文化经典浩如烟海，汗牛充栋，我们应选择适合我们这个年龄段诵读的，在适合诵读的经典中再选择最重点的诵读。我们在诵读选择的重点经典作品时，还应注意只接受正面的内容。至于经典中的负面部分，要少接触，即使是接触了，也要对其进行批判的认识。

毋庸置疑，无论我们将来从事人文社会科学还是自然科学的工作，都要有对民族文化的认知、理解和应用能力。曾给我校题写校名的我国已故著名数学家苏步青，就是我们学习的一面旗帜。他既喜欢自然科学，又有深厚的人文功底，具有坚实的科学研究和文学创作的基础。他一生与诗结缘，曾出版过《苏步青词钞》《数与诗的交融》等著作。在谈到习文对自己一生治学的涵养时，他说："深厚的文学、历史基础是辅助我登上数学殿堂的翅膀，文学、历史知识帮助我开拓思想，加深对数学的理解。以后几十年，我能吟诗填词，出口成章，很大程度得力于初中时文理兼治的学习方法。"著名画家范曾，从小喜欢古典文学，尤其对经典作品爱不释手，《诗经》《易经》《论语》《道德经》等都能一气背诵出来，一生中能默写出来的古诗词达到两千多首。有人评论，他的画之所以富有文化特质，是因为他本人富有文化根底。毛泽东讲话广征博引，博大精深，文章字字珠玑，光芒四射，究其原因，是因为毛泽东从经典文化中吸取了大量的养分。

传统文化是我们的思想之源、精神之根，而传统文化中的经典，是思想的支撑，精神的纲领，是一个民族最宝贵的文化遗产，是一个人成长最需要的营养。我们需要积极地走进经典，诵读经典，让经典伴我们成长，让经典滋养我们的人生。

欢迎你到社团来

良好的兴趣爱好，坚持下来，就能发展为特长，而特长是人生的一大优点，既是一种人生素质，也是一种生活能力。

现在我们学校已建立了一百多个学生社团，并正在组建社团联盟。学校主张，每位同学至少加入一个社团，许多同学做到了，享受到了社团活动带来的满足和快乐，但还有一部分同学无动于衷，游离于社团之外，失去了可贵的发展兴趣、特长和丰富课外活动的机会。做学生不能“两耳不闻窗外事，一心只读圣贤书”，应当多走出书屋，到社团中来。

社团活动是课外活动的重要平台和载体。许多同学课外活动无事可干，原因就是没有利用好社团这个平台和载体。我们有文学社团，爱好文学的同学可以在一起交流读书心得和创作经验，分享习作成果；我们有舞蹈社团，有音乐欣赏社团，爱好音乐艺术的同学，可以到社团来，听听音乐，唱唱歌，跳跳舞，何乐而不为？每位同学都可根据个人爱好和自身条件，选择一个社团参与活动。

社团活动是缓解学习压力的重要途径。一天课下来，感觉十分劳累，可以利用一下社团活动，转换一下思维，调节一下精神。搞一场象棋比赛，做一次实验探究，在转换中放松自己，在调节中缓解压力。特别是一场考试下来，紧张复习，紧张考试，紧张了一段时间之后，需要放松一下，最好的办法是到社团中来，同社团成员一起策划、组织活动。

社团活动能开阔视野，丰富阅历，增长知识。我校 2013 届毕业生，组建了许多旨在增广见识、丰富见闻的社团，如航模、车模、兵器研究、机器人比赛等，使参与社团的同学获得了许多课本以外的知识，提升了素质。

社团活动不仅能提高能力，而且能帮助你提高学业水平，帮助你步入理想的大学。2013 届我校社团积极分子中，有一人考入北京电影学院表演系，一人考入北京舞蹈学院，一人考入北京体育学院。

良好的兴趣爱好，坚持下来，就能发展为特长，而特长是人生的一大优点，既是一种人生素质，也是一种生活能力。一个人一生能不能拥有健康的精神世界，能不能快乐地生活、愉快地工作，有没有优雅的气质和良好的修养，是不是受到人们的尊重和喜爱，除了他的学识水平、工作能力和业绩成果之外，有没有特长，有没有高雅的情趣，是很重要的一个因素。著名科学家钱学森喜欢音乐，喜欢弹奏钢琴，他多次谈到音乐对他的熏陶和感染，让人对他丰富的内心世界肃然起敬。

我们每个人都有特长潜能，只是我们不注意培养兴趣、挖掘

潜能而已。著名学者詹姆斯曾指出："在人的一生当中，通常仅仅发挥了他潜能的十分之一。人如果与他潜在的自我来比较的话，只可算是半醒的人罢了，因为，通常来说他仅将他的潜能发挥了一小部分，而一个人的能力极限远超过他所表现在外的，但是，我们却没有好好地利用它。你我都有这种潜能，我们实在不应该因为自己不像某人就感到忧虑，应该积极地去塑造自己的新生。"有的同学认为自己这也不行，那也不行，妄自菲薄，这是因为没有找到机会发展自己。机会之一就是社团活动，社团活动贵在参与，只要参与就有收获，只要参与就能开发出自己的潜能，就能培养出良好的兴趣、特长。

当然，我们的社团活动毕竟是课余时间的一种爱好而已，不能把它当成你高中阶段的主要任务。有的同学参加了文学社团，引发了更加浓厚的阅读兴趣，但个别同学阅读文学作品不分课上课下，不管上什么课，什么时间，都捧着一大本小说阅读，晚上熄灯后用手电筒照着在被窝里看书，所有的课程都荒废了，真是本末倒置，得不偿失。有一位同学根本就不具备创作长篇小说的能力，却用了一年多的时间写作长篇小说。我读过他写的小说，水平确实不敢恭维。这位同学会考有多门不及格，高考仅考了三百多分。用一年多的时间、高考失败的代价换来了一部水平很差的长篇小说，这笔账真是不合算。

我向来反对这种不理智的做法。我们倡导同学们提升综合素质，不做高分低能的人，但也应当分清主次，把握好学业与社团的正常“度”。

深化素质教育，推进课程改革，给同学们创设了全面发展、特长发展的条件，希望大家将应对学业、迎战高考与全面发展、特长发展进行合理规划，把自己培养成一名“合格+特长”的学生，培养成一名学业突出、特长显著、素质全面的优秀中学生。

尝试一下慢生活

运用慢的策略，要从教室内走出来，节假日要回归自然，徜徉山水，从大自然中汲取心灵滋养，调谐身心。

1989 年，“慢生活”概念横空出世，迅速触动人心，引发共鸣，影响至今。所谓“慢生活”，就是减缓生活节奏，放慢生活速度，以期达到身心和谐、生理心理平衡的一种生活状态。

反观我们的高中生活，总是给人一种太快的感觉。有的同学，学习过于紧张，睡不好觉，吃不香饭，甚至天天“开夜车”，每天睡眠不足八小时；有的同学，整天闷在教室里学习，不参加课外活动，不参加体育运动，身心疲劳，学习效率低下；还有的同学根本没有休息时间，双休日不休息，假期不休息，沉浮于题海，穿行于书山，劳累不堪。凡此种种，都是极端的做法。世界的规律是和谐，而不能走极端；学习的规律是劳逸结合，有张有弛，而不能只知道学习，不注意调节。两千四百多年前，古希腊哲学家欧里庇得斯有一句至理名言：“上帝首先要毁灭那些走极端的人。”我们的高中生活要把握好度，不能走极端，可以尝试一下“慢生活”。

在我们的生活中，学习、活动、锻炼都很重要，缺一不可。关键是掌握好平衡，这是生活的艺术，是成长的需要。不能不讲规律，否则过犹不及，事与愿违。学习固然重要，但学习不是生活的全部，学习成绩不好，可以慢慢提高；考不上一所好大学，可以在社会大学里继续学习，因为人是需要终生学习的。人的成才有多条道路，并不是单单依靠大学成才的，“条条大道通罗马”。没有好的身体，即使有再高的才能，也很难成就人生。健康是最重要的，健康是第一位的，因为健康一去就永不再来。

可以将生活的脚步放慢一些，不要一直是匆匆忙忙，像一只被抽紧了的陀螺。该学习的时候，刻苦学习；该玩乐的时候尽情玩乐。学习如同开车，不能疲劳驾驶，一旦疲劳驾驶，难免会出车祸。在这一点上，80 高龄仍精神矍铄、潇洒从容的金庸先生给了我们很好的回答：“人要善于有张有弛。武侠小说打一会儿，就要吃饭，谈情说爱，不能老是很紧张，要像《如歌的行板》的韵律一样，有快有慢。我的性子很缓慢，不着急，做什么都是徐徐缓缓，最后也都做了，这样对健康有好处。”他工作忙碌，但从来不以牺牲健康为代价而高度紧张地工作。金庸先生“徐徐缓缓”做出了轰轰烈烈的事业。所以说，“慢”不一定不出成绩，“慢”只是一种生活策略。

运用这种策略要明白“欲速则不达”的道理。生活中充满了辩证法，有时候，贪图快反而慢，适当放慢反而快。清代文学家周容在《小港渡者》中记载了这么一件事情。顺治七年冬天，他要从一个叫作小港的地方进入某县城，他吩咐小书童捆扎了一大摞书跟随着。眼看太阳就要落山了，离县城大约还有二里路，他问一个摆渡的人：“等我们赶到县城，城门还开着吗?”摆渡者仔细打量了小书童和那一大摞书，回答说：“若是慢慢走，城门还会开着；若是惶急赶路怕就关上了。”他听了有些气恼，觉得摆渡者在戏弄人。这一主一仆便快步前行，城门在望了，小书童急着赶路却摔了一跤，书散落一地，等他们把书理齐捆好，城门已经关了。直到这时，他才明白摆渡者那番话的深意。

学习也是这样，不能贪多求快。俗话说：“一口吃不出个胖子。”馒头要一口一口吃，吃急了就会出问题。人们常说“慢工出巧匠”，确有很深的道理。瑞典诗人托马斯·特兰斯特勒默，写了 57 年诗，总共只写了 163 首，平均每年不到 3 首。就是这样的慢，这样的结果，却使他荣获了诺贝尔奖。他的生命因慢而得以饱满、充盈。而那些追求速度的浮躁者，往往都拔苗助长，到头来，“赔了夫人又折兵”，最后还得重整旗鼓，从慢开头。米兰·昆德拉在其小说《慢》中写道：“我还要瞧一瞧我的骑士，他慢慢走向马车。我要玩味他走路的节奏，他愈往前走步子愈慢。这种慢，我相信是一种幸福的标志。”

运用慢的策略要讲究心理调节。心理学家认为，不少人在高效率的学习与工作节奏中感到精神疲惫，主要是因为没舍得拿出时间来进行心理上的自我调整。人的心理有承受压力的极限，突破了这个极限，就会出现心理疾患，医生称之为“延缓幸福综合征”。患这种病的人，总是为没有充足时间去完成想要完成的事情而感到焦虑，而且永远把自己的兴趣和爱好以及休息时间放在次要位置。据统计，全世界每100人中就有40人患有这一隐性的心理疾病。

其实，适时地“刹车”是为了走得更远。调整心理，过一种慢生活要从运动开始。我们应当经常有计划地拿出整块的时间来做运动，在上好体育课之外，每天运动时间不要少于1个小时。

运用慢的策略，要确保每天的睡眠时间不少于8小时。“山洞研究”已证实，自然生物钟需要8小时睡眠，每少睡1小时死亡率增高9%。睡眠少对人的健康影响很大，我曾教过的一个学生，高考前期每天只睡三五个小时，结果头发掉光了，造成更大的心理压力，致使成绩下滑，高考失利。

运用慢的策略，要从教室内走出来，节假日要回归自然，徜徉山水，从大自然中汲取心灵滋养，调谐身心。要懂得休闲，懂得减压，和同学谈谈心，到户外散散步，打打球，听听音乐，甚至只是坐着发一会儿呆，也是一种调节。

需要说明的是，学会慢生活，并不是指没有上进心，学习上懒惰散漫，这是两种概念。学会慢生活，是为了释放困倦的心灵，缓解学习的焦虑，减轻学习的压力，并不意味着放纵，意味着迷失了快乐的方向。以为休闲就是到网吧上网，去酒吧狂欢，关起门来打牌，如果这样，会玩物丧志，荒废学业，最终一事无成。

拥有喝彩的力量

有了喝彩，我们会感到前进的道路上少了些困惑，多了些动力，会觉得成功不再那么遥远。

在我们成长的道路上，可能会遇到挫折与坎坷，这让我们前行得谨慎小心，甚至感到胆战心寒，唯恐一不注意便掉进了错误的深坑和失败的陷阱，从此一败涂地，一蹶不振。有时候，即使觉得自己能行，自己很棒，自己很优秀，自己是对的，也对自己抱着一丝怀疑，抱着一丝否定。因为有了这份不自信，便在学习中变得踌躇不前，在生活中变得缩手缩脚。

从这种情况来看，人是需要喝彩的，一是需要自己为自己喝彩，二是需要别人为自己喝彩，三是需要为别人喝彩。换句话说，就是自己要赞赏自己，让别人赞赏自己，同时也要赞赏别人。

有了喝彩、赞赏，我们便会充满信心，对生活充满期盼；有了喝彩、赞赏，我们认识到了自己的特长，认识到了自己的能力，才能更好地发挥优势，勇往直前，从而更加努力地实现自己的理想和追求；有了喝彩、赞赏，我们才能发现别人身上的优点，才能找到学习的榜样，才能改善与同学的关系，与同学更好地进步。这就是喝彩的力量，一种强大的正能量。

人是需要自己为自己喝彩的。生活中总有自己不满意的时候，总有自己做得不够理想的地方，要时常为自己加油鼓劲，告诉自己，自己能行，自己很优秀，从而激起自己对成功的渴望和对理想的追求。卓别林是电影艺术发展史上里程碑式的人物，他初涉影坛时，没有什么人看好他，但他自己看好自己，自己鼓励自己，以为自己天生就是电影奇才，尝试着扮演各种戏剧角色。他在一次次失败后，又一次次奋起，终于成为集演员、编剧、导演于一身的电影艺术大师，开辟了电影艺术的新时代。2011 年，我曾对 8 名考入清华、北大的同学做过调查分析，以期总结优秀学生学习成功的因素。在调查过程中，他们都谈到了自己要赞美自己、自己要为自己喝彩的经验。他们一致认为，每个人有每个人的长处，当学习上遇到困难时，要找出自身上那些值得赞美的东西，在心里默默赞美自己。这样做的作用是巨大的，会让自己更有动力，更有信心。也可以每天写一句鼓励、赞扬自己的话，及时为自己增添干劲和勇气。

人是需要别人的喝彩的。哲人说，人不但要活在自己的世界里，更要活在别人的世界里，不但要为自己活，而更多的是为他人活。我们这个年龄段的人，正处于青春敏感时期，老师一句表扬的话，会让我们激动不已，兴奋不已；有时，同学的几句夸奖，家长的几句赞扬，会让我们增添无穷无尽的力量。一句小小的喝彩，甚至能改变人的一生。过去曾有个同学，学习很吃力，产生了辍学念头，当他到班主任老师那儿说出自己的想法时，班主任告诉他："你是一个很有潜力的学生，学习上暂时落后，不要太焦急。我和老师们分析过你的情况，你的文科课程特别出众，只是你选择了理科。离高考还有一年多的时间，可不可以考虑由理科班转入文科班学习？如果转换科类，你肯定能成为一名比较突出的学生。"这位同学经过考虑后，听从了老师的建议，当年高考就考入了一类本科院校。后来这位同学感慨地说："我一直认为我是一个在学习上没有前途的学生，想不到能从班主任那里听到对我文科课程的表扬，当时我就仿佛在黑暗中看到了光明，在迷雾中找到了方向，毅然决然调了科类。一路走来，果然如老师分析的那样，我确实具有文科学习的潜质和基础，老师的一番话，改变了我一生的命运。"

别人也需要你的喝彩。我们喜欢别人的赞赏，同样的，别人也等待着我们的赞美，当你得到别人赞美的时候，也要学会赞美别人。对同学的喝彩其实是很简单的一件事，有时只需要我们轻轻的一句话，便会让人扬起奋进之帆；有时，可以是一个肯定的眼神，便会让人信心倍增；还可以是轻拍一下别人的肩膀，虽然是那么轻微，却让人感到深切的关怀和信任的力量。喝彩的方式有很多很多，它并不需要我们付出很多。我们只要释放出一点点善意，就能为他人的成功助一臂之力。这份喝彩，能推开前进道路上的巨石，让前进的道路变得平坦顺畅；这份喝彩，能唤起他人前进的动力，让人义无反顾地向前迈进；这份喝彩，能排除他人的迷惘，让人为了理想奋不顾身、百折不挠；这份喝彩，能让人在倦怠时精神振奋，让搏击人生有了更昂扬的斗志；这份喝彩，充满着友情与温暖，让人觉得在这个世界上并不孤单，同学之间友爱无处不在。

我们确实不应该吝啬自己的喝彩，为他人，也为自己。有了喝彩，我们会感到前进的道路上少了些困惑，多了些动力，会觉得成功不再那么遥远。

最后需要指出的是，喝彩是真诚的情感流露，是真心实意地对别人的赞赏，而不是讨好别人，奉承别人；喝彩是对自己的鼓励和促进，不是自以为是，夜郎自大，自我美化。

◎战胜自己是最大的胜利

要不断充实自己的内心，不断丰富自己的精神，通过奋斗，通过
拼搏，用心血和汗水浇灌培护自己的理想，让理想的种
子生根发芽，茁壮成长，最
后开出夺目迷人的花
朵，结出丰硕
甜美的果实。

自信是成功的第一秘诀

不要计较一时一事的成败，相信暂时的失败都不过是通向成功的铺路石。有失败，才能更好地成功。

自信是走向成功的第一步，而缺乏自信是失败的主要原因。有人总结说“自信是成功之母，自卑是失败之父”，确有道理。一个成功的人，做事情绝不会畏手畏脚，犹豫不决，而总是坚定信心，充满自信。

美国石油大王洛克菲勒说过这样一段话：“自信能给你勇气，使你敢于向任何困难挑战；自信也能使你急中生智，化险为夷；自信还能使你赢得别人的信任，从而帮助你成功。”著名发明家爱迪生发明了电灯泡后，在一次记者招待会上，许多记者簇拥着他，问道：“什么是你成功的主要秘诀呢?”“很简单，无论何时，不管怎样，我决不允许自己有一点儿灰心丧气。”在这位大发明家沉着的话语中，透出他坚定的自信。从他们的话里，我们能体悟到自信对事情成败的重要意义。学习也同样如此。在学习中，你可能会遇到许多倒霉事：考试失利了；学习成绩总是很差；身体生病了，影响了学习；家中出事了，让自己分心……怎么办?唯一的办法是拥有自信，让自信成为前行的最强大的动力。要相信自己能行，自己一定行。

其实，生命就像一场赛跑，在漫漫跑道上，又有谁总是一路顺风，遥遥领先？我们面对的高考，更像一座山峰，在登顶的历程中，我们可能会遇到风雪，遇到暴雨，遇到想象不到的、意料之外的艰难险阻。所以，不要计较一时一事的成败，相信暂时的失败都不过是通向成功的铺路石。有失败，才能更好地成功。正如玛丽·居里说的那样：“生活对任何一位男女都非易事，我们必须有坚韧不拔的精神，最要紧的还是自己要有信心。”我们必须相信，我们对每一件事情都有天赋的才能，并且，无论付出任何代价，都要把这件事完成。当事情结束的时候，你要能够问心无愧地说：我已经尽我所能了。著名作家雨果也说过一段发人深省的话：“对于那些有自信而不介意暂时失败的人，没有所谓失败！对怀着百折不挠的坚定意志的人，没有所谓失败。”

哲人说：“世界上没有两片完全相同的树叶。”每位同学的学习基础不同，学习态度有差异，学习品质有优劣，学习能力有高低，有时候，在学习上只要自己和自己比有进步就是最大的胜利。进步是渐进的，每天进步一点点，一天一天连起来，最终你会有了不起的大进步。再说，学业进退始终处于一种动态变化过程之中，学习差只是暂时的，不是一成不变的，因此，不能因为一时的落后而失去信心。先圣孔子曰：“后生可畏，焉知来者不如今也？”其实，每个人都有无穷无尽的潜力，都有许多超出别人的地方，一定要树立对自己的信心，拥有积极的进取心态。有了自信，人才会冷静地面对挫折，面对困难；有了自信，人才有足够的勇气克服阻碍，克服卑怯；有了自信，人才会虚心讨教，诚恳自学，扬长补短；有了自信，人才会从胜利走向胜利，从成功走向成功。可以说，自信是一切成功的基础，如果连自己都不相信，还有什么主动的行为？生活在自卑的影子下，是一个人最

大的悲哀。

在英国，有个人尽皆知的故事。古苏格兰国王罗伯特·布鲁斯，六次被打败，失去了信心。在一个雨天，他躺在茅屋里，看见一只蜘蛛在织网，它想把一根丝挂在对面的墙上，六次都没有成功，但它经过第七次努力，终于达到了目的。看到这里，罗伯特兴奋地跳了起来，叫道："我也要来第七次！"他组织部队，反击英国入侵者，终于把敌人赶出了苏格兰。

翻开历史，我们不难发现这样一个十分有趣的现象：许多在科学、文化方面做出重大贡献的享有盛名的大师们，在求学时竟有许多是差生，被认为是笨蛋虫、低能生。爱因斯坦常因学习不好被强制留在学校，老师骂他是个"笨头笨脑的孩子"；物理学家牛顿，上学时校长一讲到劣等生，总少不了点他的名字，因为成绩不好，他经常被同学瞧不起；一生中平均每 15 天就有一项发明的爱迪生，被老师认为是个"不折不扣的糊涂虫"。科学家富兰克林、皮埃尔·居里（居里夫人的丈夫）、著名生物学家达尔文、文学家巴尔扎克、大仲马、拜伦、萧伯纳、海涅、叶芝、爱伦坡、司格特、斯威特等，他们上学时都曾经落后过。所以，暂时落后并不可怕，可怕的是没有信心改变自己，知耻后勇，后发赶超。

既然信心这么重要，那么，如何才能在学习上更好地树立信心、强化信心呢？

1. 要制订适当的目标

要根据自己的学习实力，实事求是地确定自己的学习目标。目标不能太高，太高了增加焦虑；也不能太低，太低了没有压力。要根据"摘桃子"的原理，使目标定得跳一跳，够得着。

2. 赶超你前面的最后一名同学

每次竞争的对手不要选得太强，赶超的目标不要太远，一次赶超一个同学，一次次一人人赶超。这样，每次都有成功感，每次都有胜利的把握。

3. 积极进行自我暗示

要时常告诉自己，“我能行”“我能成功”“我有很大的潜力”“我不比别人差”“我一定能进步”，通过这样的自我暗示，不断给自己加油鼓劲，不断增强自己的信心，最后，你一定会成为一个充满信心的人，成为一个内心强大的人。

4. 每天鼓励自己一句话

要把鼓励自己的话写成字条放在课桌上，不断给自己打气助威。俗话说：“气可鼓不可泄。”邓小平说：“人要有一股精气神。”的确，人要凭一口气活着，“不单单是靠吃米活着”，人要活出自尊，活出自信，活出自强，活出自豪。

5. 放大自己的优点

要用放大镜观察自己的长处，找出自己的闪光点，把点连成线，把线展成面。当然，放大自己的优点，不是倡导一种骄傲自满的风气，对那些骄傲自满的人来说，应当认识到自己的缺点和不足。

6. 挺胸抬头，加快步伐

人的内心体验与行为相一致。人在高兴、充满信心的时候，就会挺胸抬头，走起路来有精神，步伐坚定、轻快、有力；人在沮丧、缺乏信心时，就会无精打采，走路缓慢无力。同学们可根据这一原理，在日常生活中做到每天挺胸抬头，步伐轻快，如昂首挺进操场，快步走向餐厅，让自己始终处于斗志昂扬、意气风发、扬眉吐气、精神振奋的最佳状态。

一直走，不停留

要想看到山顶无限的风光，必须踏踏实实，一步一个脚印地走下去。这需要顽强的意志和一股坚持不懈的精神。成功就在于坚持一下之后的努力之中。

荀子在《劝学》篇中写道："学不可以已。青，取之于蓝，而青于蓝；冰，水为之，而寒于水。"它明确告诉我们学习是不能停止的。靛青是从蓝草里提取的，可是比蓝草的颜色更深；冰是水凝结而成的，却比水还要寒冷。原因是什么？就是因为靛青、寒冰有一个坚持不懈、一直努力的过程，这个过程一旦中断，它们的努力就会前功尽弃。这就是"骐骥一跃，不能十步；驽马十驾，功在不舍。锲而舍之，朽木不折；锲而不舍，金石可镂"的道理。

东晋大书法家王羲之被后人誉为"书圣"，他兼善隶、草、楷、行各体，精研体势，心摹手追，广采众长，备精诸体，冶于一炉，摆脱了汉魏笔风，自成一家，影响深远。后人评价他的书法："飘若游云，矫若惊龙""龙跳天门，虎卧凰阁""天质自然，丰神盖代"。他能达到这样高的书法境界除了他的天赋过人外，还与他日复一日、年复一年的刻苦练习有关。

王羲之13岁那年，偶然发现他父亲藏有一本《说笔》的书法书，便偷来阅读。他父亲担心他年幼不能保密家传，答应待他长大之后再传授。没料到，王羲之竟跪下请求父亲允许他现在阅读，他父亲很受感动，终于答应了他的要求。

王羲之练习书法很刻苦，甚至连吃饭、走路都不放过，真是到了无时无刻不在练习的地步。没有纸笔，他就在身上画写，久而久之，衣服都被画破了。有时练习书法达到忘情的程度。一次，他练字竟忘了吃饭，家人把饭送到书房，他竟用馍馍蘸着墨吃起来，还觉得很有滋味。当家人发现时，已是满嘴墨黑了。

传说王羲之一开始练习书法并不得法，他的老师卫夫人告诉他："你每天只需练好一个字即可，这比每天练一百个，一个都没有写好要强百倍，只要坚持写就一定能成功。"王羲之听从了老师的教诲，每天坚持练好一个字，书艺大增。

他曾在浙江绍兴兰亭池畔"临池学书"，日复一日，废寝忘食地苦学各家书法之长，为节省时间，身边的池水竟成了他顺手涮笔的方便之处，日久天长，一池清水被染得墨黑墨黑，这便留下了个心无旁骛、专心从学的感人故事。

若干年后，王羲之最小的儿子王献之随其练字，几载之后，书法居然可观。王献之年小志大，决心要赶上父亲的名望，便有些急于求成。一日，他趁父亲表扬他的机会，向父亲讨求练字的秘诀，王羲之听罢微微一笑，招招手把献之领到庭院中，指着院中18口大水缸说："练字的秘诀就在这十八口缸的水里，从明天起，你就用这缸里的水磨墨，直到十八口缸中的水全用完了，秘

诀也就知道了。”王献之非常聪明，知道父亲话里的深刻含义，就毫不贪懒，日以继夜地舀水研墨，越发苦练起来，终于练得一手好字，直到后来，成就竟与父亲齐名，在书法史上并称“二王”。

南开大学博士生导师，书法教授田润章先生是当代的书法名流，他于北方网上发表的《每日一题，每日一字》在书法界产生了深远影响，受到大批书法爱好者的追捧。他在回忆他练习书法时这样写道：“我在幼年时期，主要是继承家学，伯父曾教育我说：‘紧则崩，慢则松，不紧不慢才成功；只需走，不许停，一直走到北京城。’”

我觉得田教授的话，对于我们这些莘莘学子来说也同样适用。学习是一个漫长的过程，奢望一蹴而就是不可能的。那些平日不努力学习，靠临阵磨枪取得点成绩的，都是侥幸！

俗话说：“宝剑锋从磨砺出，梅花香自苦寒来。”马克思说：“在科学上没有平坦的大道，只有不畏劳苦沿着陡峭山路攀登的人，才有希望达到光辉的顶点。”要想看到山顶无限的风光，必须踏踏实实，一步一个脚印地走下去。这需要顽强的意志和一股坚持不懈的精神。成功就在于坚持一下之后的努力之中。

王安石在宋仁宗至和元年（1054）任舒州通判时在游玩了褒禅山之后，写了一篇叙议结合的游记，这就是《游褒禅山记》。他在文章的最后总结了人要成就一番事业必须处理好志、力、物的关系：“夫夷以近，则游者众；险以远，则至者少。而世之奇伟、瑰怪、非常之观，常在于险远，而人之所罕至焉，故非有志者不能至也。有志矣，不随以止也，然力不足者亦不能至也。有志与力，而又不随以怠，至于幽暗昏惑而无物以相之，亦不能至也。然力足以至焉，于人为可讥，而在己为有悔；尽吾志也，而不能至者，可以无悔矣，其孰能讥之乎?”他告诉我们要实现远大理想，除了要有一定的物质条件外，更需要有坚定的志向和顽强的毅力，一定要“尽吾志也”，这样才会“无悔矣”。

知错认错

认识错误，承认错误，并不一定能改正错误，一个人可贵之处在于不再犯相同的错误。

“人非圣贤，孰能无过；过而能改，善莫大焉。”人没有不犯错误的，有了过失，首先要承认错误，然后改正错误，不再重犯，就会获得一次大的进步，最终成为一个了不起的人。

一、承认错误是有勇气的表现

承认错误需要勇气，能够勇于认错，说明你是一个态度端正的人、积极向上的人。我们学习《史记》中的《廉颇蔺相如列传》一课，留下印象最深的一幕是廉颇的“负荆请罪”，我们感叹于廉颇勇于认错的气度和胸怀。我们学过的课文中还有一篇文章是讲西晋周处的故事的，周处年轻时横行乡里，四处为害，成为父老乡亲口中的“三害”之一。后来认错改过，为地方除害，从军报国，改写了自己的一生，成为悔过向善的典范。所以，“不怕念头起，只怕觉悟迟”，有了错不要紧，要知错认错，所谓“放下屠刀，立地成佛”，“悬崖勒马，回头是岸”。犯了错固然不好，但掩饰错误更加不对。最明智的做法是光明磊落，不掩饰过失。古人云：“小人之过也，必文。”“文”就是掩盖，每一个人都不应该做“掩盖”错误的“小人”。

二、接受惩罚是改正错误的表现

教育家说："没有惩罚的教育是不完整的教育。"作为学生要遵规守纪，一旦犯错，要接受处罚。处罚不是目的，目的在于警示，目的在于引导。在这里我想到了曹操的故事。曹操出兵攻打张绣，恰逢麦熟时节，沿途百姓因兵至纷纷逃避，不敢割麦。曹操知晓后，严申军法："大小将校，凡过麦田，若有践踏者，皆斩首。"不料，曹操乘马正行，忽然惊起麦田中一鸟，曹马受惊，蹄入麦田，踏坏了一大片。曹操叫来主簿，拟议自己践麦之罪。主簿说："丞相岂可议罪？"曹操答曰："吾自制法，吾自犯之，何以服人？"于是，想拔剑自刎。旁边的人连忙劝解，有人说"法不加于尊"，还有人说"自古以来，法不上大夫"。曹操沉默良久，终于割发代首。尽管有人评论说曹操作秀，但曹操这种犯了错甘愿接受惩罚的示范行为，在当时产生了巨大效果，让他带出了一支令行禁止的军队。在当下，这个故事对我们也有重要的教育意义：犯了错误就要按规定接受惩罚。

惩处是有原则的，这个原则就是著名的热炉法则。古时候，某国王得到了一个纯金打造的巨大鼎炉，决定作为国宝，放在王国的中心场所供人瞻仰。但随后遇到了一个难题，路人总是喜欢随手摸玩，这样一来，国宝就失去了原有的神圣。怎么办？丞相想出了一个好主意：将金炉烧热，热得烫手，这样，人们就不敢轻易乱摸了。这个主意很有效，而且一年之后，即使不把金炉烧热，人们也不乱摸了。从这个故事中人们总结出了如下几个处罚原则。

1. 警告性原则

要对违反规定的人和行为做出警告，警告人们不要伸手，伸

手必被“烫”，像陈毅元帅警告有些人那样“莫伸手，伸手必被捉”。

2. 公平性原则

任何人碰到热炉，都会被灼伤。法律、制度、规定都是公平的。“法律面前，人人平等”，人人都要遵守，没有什么例外。

3. 权威性原则

每当你碰到热炉肯定会被灼伤。从中我们知道，小到班规班约，大到国家的宪法、刑法，一旦制定了，就要人人遵守，一旦违反了，就要接受处罚。

4. 即时性原则

当你碰到热炉时，立即就会被灼伤。

从热炉法则中我们应当受到这样的启迪：作为一名中学生，在校内一定要遵守学校和班级的规章制度，遵守《中学生守则》，遵守《日常行为规则》，做一名合格的中学生，做一名优秀的中学生；走出校门，要遵守国家的法律法规，做一名严守法纪的高素质公民。

三、改正错误是一种有能力的表现

认识错误，承认错误，并不一定能改正错误，一个人可贵之处在于不再犯相同的错误，这不是人人都能做到的。孔子曾赞叹颜回：“不迁怒，不贰过。”颜回每次犯错误都会深刻反省，并立即改正，同样的错误绝对不会犯第二次。我们应当向颜回学习，做一个敢于改正错误、善于改正错误的人。

知耻而后勇

所谓耻者，不足也。知不足而后勇，忍人所不能忍，为人所不能为，可成大勇。

孟子云："知耻而后勇。""勇"是勇于改过的意思。指的是一种在遭受磨难与打击后，在困境面前，毫不气馁、决不后退、决不自暴自弃，而是奋发进取、迎难而上的精神状态和良好品质。儒家在这里把知耻和勇敢等同起来，对知耻改过的人的这种行为大加赞赏。

有好多同学在失败面前，往往缺少战胜困难的勇气，不去总结教训，最终，成为永远的失败者，一事无成。我主张在困境面前，一定要有知耻而后勇的精神状态和美好品质。让我们一起看看中国女排是怎么做的吧！

在2013年女排亚锦赛季军争夺战中，中国女排在大比分2∶0领先的大好形势下，遭韩国女排逆转，以2∶3惜败于对手，无缘奖牌。这是中国队在该项赛事中首次无缘前3名，创造了1975年参加亚锦赛以来的最差战绩。

上世纪80年代，中国女排曾经取得过世界级大赛五连冠的佳绩，其后成绩有所下滑，但一直是世界一流强队，2004年的雅

典奥运会上由主教练陈忠和带领，在0:2落后的不利局面下，奋起反击，最终连扳3局，以总比分3:2击败俄罗斯女排获得冠军，这也是中国女排继1984年洛杉矶奥运会夺冠以来，第二次在奥运会女排比赛中摘金，重登巅峰。北京奥运会获得过季军，总算在家门口没有丢脸。其后，成绩一直起伏，在近几年的国际赛场上，中国女排已经鲜有亮眼的成绩，而本次亚锦赛也将中国女排赶下亚洲王者的宝座。

昔日里，根本不能对中国女排构成任何威胁的泰国、韩国，竟然在本届亚锦赛上狠狠地给昔日的“老大姐”上了一课。两场连败，无缘决赛，一时间，中国女排一下子跌入了低谷。

中国女排失利的原因何在？作为国家队主教练的郎平深知国人对她寄予的厚望，赛后，面对亚洲第四的名次十分平静，她总结到：“问题还是出现在自己的一传体系和防守方面，虽然很想拼，但仅靠强攻太吃力。”“体能不行说明我们缺乏系统的艰苦训练。国家队未来还要多挖掘新手，但新人出来还需要有时间培养、训练、积攒经验，因此希望国家队接下来还是能有一个比较安静的时间好好练一练，年轻球员还是要重视基本功。”

几天之后，中韩两队转战郴州，在2014年世界锦标赛亚洲区资格赛B组决赛的收官战中，中国女排再没有重犯在亚锦赛上的错误，以3:0完胜韩国。中国女排以4连胜的战绩进军2014年世锦赛决赛，韩国队则遗憾出局。

亚洲杯上的失利让中国女排蒙受耻辱。赛后，中国女排对待耻辱的态度却值得我们学习。她们及时从失败中找到教训，制订出切实可行的解决办法，在最短的时间内重新证明了自己。如果她们不能正确认识自己的不足，一蹶不振，结果可想而知。

所谓耻者，不足也。知不足而后勇，忍人所不能忍，为人所不能为，可成大勇。

秦穆公曾三败于晋，却誓不服输，而是养精蓄锐，发愤图强，最终杀败晋军，威震诸侯。

越王勾践被俘吴国，养马多年，卧薪尝胆，历尽磨难，最终横扫吴国，成就霸业。

岳飞不忘“靖康之耻”，率军转战疆场，精忠报国，屡立军功，名扬千古。

蒲松龄曾屡试落第，受尽嘲笑，矢志不渝，舌耕笔耘，终著《聊斋》，世代流芳。

作为一名普通高中的学生，面对着高考的升学压力，也会遇到暂时的失败，如果不能知耻后勇，想办法迎头赶上，永远不会进步。正如古人所云：“学如逆水行舟，不进则退。”

不怕万人阻挡，只怕自己投降

世界上没有人能打败你，打败你的只能是你自己。

考入清华大学的衡水中学学生陈茜有句人生格言：“我不怕万人阻挡，只怕自己投降。”的确，高考被人们形容为“千军万马过独木桥”，在进军高考的队伍中，有人曾经彷徨，有人曾经退却，有人曾经放弃，但更多的人坚持了下来，最终走向了高考的成功。

我们心中都有一个高考的梦想，但高考这个梦想需要既仰望星空，又脚踏实地，为实现梦想而不懈奋斗。实现这个梦想，贵在“坚持”，一路拼下去，坚持到底，永不放弃。

特别是进入高三临近高考时，更需要有“坚持”的品质。一次次考试，给我们带来了难以想象的压力和紧迫感，这种感觉逼迫着你，让你喘不过气来，让你产生了畏难情绪，是放弃，还是坚持？路就在脚下，理想离我们已经不远，接下来的日子可能更加难熬，但即使再难熬，它也是我们成长中应当挑战的一部分，它在我们漫长的生命长河中也不过是一朵小小的浪花。可以失落，可以流泪，但不能放弃，不能退缩，不能灰心，不能掉队。因为我们相信“坚持到底就是胜利”，“谁笑到最后，谁笑得最好”。

同时，要让压力变成动力。虽然学习越来越辛苦，但随着高考的临近，我们离梦想实现的日子也越来越近。我们应当调整心态，振作起来，咬紧牙关，不遗余力，昂首挺胸，阔步向前。把烦恼丢掉，把思想包袱甩掉，心中只有一个目标，脚下只有一个方向，奋勇拼搏，勇往直前。

要把忍耐变成顽强。世界上没有人能打败你，打败你的只能是你自己。即便经过大大小小的多次考试，成绩没有提高；即便是我们的基础太差，距离名牌院校的录取线还有相当大的差距；即便是你可能只够专科分数线，但都无所谓，只要自己尽力了，就不必后悔。“即使慢，纵令落后，纵令失败，但驰而不息，也一定能达到所向往的目标。”这句话说得多好！不要害怕失败，不要害怕落后，要像国际马拉松冠军罗塞尼奥那样失败了再来一次，再失败，再坚持，直至夺冠。爱迪生发明电灯经过了无数次失败，诺贝尔发明炸药经过了无数次失败，而且搭上了家人的性命；“六六六”农药经过了666次实验才获得成功。乔丹并不是生下来就是球王，他徘徊过，苦恼过，但它要求自己“可以接受失败，但绝不接受放弃”。“骐骥一跃，不能十步；驽马十驾，功在不舍”，人的成功像驽马一样，拼的不是智力，是毅力。

其实，在我看来，高三最难熬的并不是无穷无尽的模拟考试，也不是千千万万做不完的练习题，而是那些对自己不断否定又不断肯定的念头，这是对心理和意志的双重考验。当那些消极的念头出现时，马上要想到高考的理想、未来的目标，寻找战胜

这些消极念头的正能量；当现实的失落来到你面前的时候，先别去与它们计较，而是甩开膀子，大踏步前进。只有通过了这种烈火般地淬炼，你才能真正成为强者，才能在千军万马的高考大军中独摘桂冠。中国的高考是中国学生的炼狱，从这种炼狱中走出来的人，已经获得了巨大的精神财富，在今后的成长发展中，还有什么困难不被踩在脚下？

所以，让我们一起承诺："不到长城非好汉，高考有顶我为峰。"

做一个内心强大的人

要不断充实自己的内心，不断丰富自己的精神，通过奋斗，通过拼搏，用心血和汗水浇灌培护自己的理想，让理想的种子生根发芽，茁壮成长，最后开出夺目迷人的花朵，结出丰硕甜美的果实。

一个人的成长史，本质上是一个人的精神发育史。一个人，只有精神丰富，思想积极，内心强大，才能算是一个真正的人，一个大写的人。

在人的成长中，健康的身体固然宝贵，但有时候上天不眷顾你，偏偏让你的生命充满磨难。中国残联主席张海迪，是一位高位截瘫患者，面对残酷的命运，她异常坚强，以超乎常人的毅力与病魔作斗争，她提醒自己：“除了你自己，没有人能把你打败。”她要求自己在内心上强大起来。自学外语，成为了著名的翻译家；创作小说，成为了文学家；参与公益事业，成为著名的社会活动家；为社会服务，为人类服务，成为残疾人的代表和领袖。她身残志不残，用自己壮丽的精神成长历程，为无数人树起了挑战命运、战胜命运的光辉旗帜。张海迪的强大，是内心的强大；内心的强大，是无敌于世界的。

约翰·库提斯，出生在澳大利亚，一出生就被医生断言活不到第二天，因为他不仅仅双腿畸形，内脏错位，还没有肛门，整个人只有可乐罐那么大。谁知，这个小“可乐罐”坚持过了一周又一周，直到现在，约翰已经活了四十五年，走遍了世界二百多个国家和地区，成为国际上著名的激励大师。童年的约翰历尽了屈辱。恶棍曾把他丢进恶臭的垃圾桶，并在垃圾桶外点上一堆火烤他；在课堂上考试时，他没有知觉的双腿被后面的恶少无情割开，用打火机烧，甚至还把大头针插了进去。1987 年，约翰做了一个痛苦的决定——切掉那两条发育畸形的腿。少年约翰每次戴着头盔和太阳镜出现在运动场上时，小孩子们都会说：“看啊，一只会走路的头盔!”但约翰没有屈服，不向命运低头，反而苦练出一双结实灵巧的手。他决心用这两只手，做好别人用两只手加两只脚才能做好的事情。约翰从 12 岁开始练习室内板球、举重和橄榄球，他的勤奋和毅力，让他不仅获得了澳大利亚残疾人网球比赛冠军、有正常人参加的举重比赛亚军，还得到了板球和橄榄球的二级教练证书，并考取了驾照。是什么能力支撑他走到令我们每一个正常人都叹服的现在？是内心的力量，是精神的力量。在他的身上，我们看到了人类顽强精神的光芒，看到了强大的心灵在残损的躯壳里的闪光，看到了人类前行，特别是与命运抗争的内在的强大力量。

《钢铁是怎样炼成的》的作者、《假如给我三天光明》的作者、中国当代作家史铁生、美国前总统罗斯福等等，他们都身有残疾，但他们都取得了正常人难以企及的成就，成为引领人类精神成长的光辉榜样。

那么，如何做到内心强大？首先要树立正确的理想，用理想催促自我奋进，用理想克服挫折痛苦，用理想绽放生命的希望。其次，为了实现理想，要踏实做事，诚信做人，刻苦读书，勇于进取。要不断充实自己的内心，不断丰富自己的精神，通过奋斗，通过拼搏，用心血和汗水浇灌培护自己的理想，让理想的种子生根发芽，茁壮成长，最后开出夺目迷人的花朵，结出丰硕甜美的果实。

细心意味着成功

有时候因为一个小小的错误就可能导致一个无法挽回的严重失败。所以，要细心做好每一件事，切不可粗枝大叶，马马虎虎。学习这件事更是这样，要求我们必须做到一丝不苟，细之又细。

2013年高考揭晓后，我找两类同学对照高考试题的标准答案，开展了一项失分调查活动。参与调查的，一类是高分学生，另一类是介于军检线和一本线之间的学生。

第一类高分段学生，理科最高分696分，684分以上的5名同学，因粗心丢失的分数平均7.5分，最多的一名同学丢了11分。第二类，因粗心平均丢分13.5分。全省一本线临界点上，一分之差聚集着一千多人，真是不查不知道，一查吓一跳。

我们平时组织的考试，主要功能是诊断，而诊断的一个重要项日就是统计失分情况。同学们应当认真统计失分情况，找出失分原因，特别是对因粗心而失分要加强分析，力争尽快改掉粗心的毛病。早在几年前，有一本书风靡全国，书的名字叫作《细节决定成败》，书中所讲的道理深入人心，影响了一代人的成长。关注细节需要细心，细心能帮助我们获取更大的成功，而粗心往往导致意想不到的失败。

有这样一个故事：查理三世和亨利准备决一死战，这场战斗将决定谁来统治英国。战斗开始前的一天早上，查理派自己的马夫备好自己喜欢的战马。“快点给它钉掌，”马夫对铁匠说，“国王希望骑着它打头阵。”“你得等等，”铁匠回答，“前几天给所有的战马都钉了掌，铁钉没有了。”“我等不及了。”马夫不耐烦地叫道。铁匠不语，从一根铁条上弄下四个马掌，把他们砸平、整形，固定在马蹄上，然后开始钉钉子。钉了三个掌之后，他发现没有钉子来钉第四个掌了。“我缺几个钉子，”他说，“需要点时间砸两个。”“我告诉过你我等不及了。”马夫急切地说。“我能把马掌钉上，但是不能像其他几个那么牢固。”“能不能挂住？”马夫问。“应该能，”铁匠回答，“但我没把握。”“好吧，就这样，”马夫叫道，“快点，要不国王会怪罪的。”

两军交上了锋，查理国王冲锋陷阵，身先士卒，迎战敌人。突然，一只马掌掉了，战马跌倒在地，查理也被掀翻在地上。受惊的马跳起来逃走了，国王的士兵也纷纷转身撤退，亨利的军队包围了上来。查理在空中挥舞宝剑，大喊道：“马！一匹马，我的国家倾覆就因为这一匹马！”

于是，从那时起人们传唱着这样一个歌谣：“少了一个铁钉，丢了一只马掌。少了一只马掌，丢了一匹战马。少了一匹战马，败了一场战争。败了一场战争，丢了一个国家。”

的确，有时候因为一个小小的错误就可能导致一个无法挽回的严重失败。所以，要细心做好每一件事，切不可粗枝大叶，马

马虎虎。学习这件事更是这样，要求我们必须做到一丝不苟，细之又细。

1. 养成细心的预习习惯。预习是重要的学习途径和手段，有些同学预习不仔细，没有很好地完成预习任务，让预习走了过场，使学习成效大打折扣。

2. 养成细心的上课习惯。课堂是学习的主阵地，课堂收获多少与是否细心有很大关系。只有细心听讲，才能跟上老师的思路，才能将老师讲解的重点、难点记在心里；要细心交流，跟老师和同学展开思维对话，及时捕捉思维的火花，不能让思维成果一闪而逝；要细心整理、记录课堂笔记，将课堂上的知识要点、规律、方法细致地记录下来；要细心地完成课堂训练与当堂检测，切实提高课堂达成度。

3. 养成细心的作业习惯。作业重在规范，细心才能规范。通过作业不仅仅是巩固当堂知识，而且为考试养成规范答卷的习惯。

4. 养成细心的复习习惯。子曰："学而时习之，不亦乐乎？"复习的第一要求是细心，要细心梳理知识，细心归纳重点，细心突破难点，细心提高复习效率。

5. 养成细心的考试习惯。审题要细心，搞清题目的条件和要求；答题要细心，每一个步骤都规范，每个要点都齐全；复查要细心，细心复查每一个题目，细心复查全卷。

有责任才有成长

责任感就是一种态度，是衡量道德水平的一个最基本的标准。也许有些同学不是什么都出色，但是只要认真负责，就一定能成为一名优秀的人。

责任心的心理学定义是：一个人驱使自己去兑现自己所做承诺的心理状态。当一个人建立起责任心后，在他的价值观中，该负责的事一定负责，承诺的事一定要做，责任高于一切，敢于承担责任，让责任成为一种荣誉，成为自己成功的基石。

生活中经常有这样的现象：学校组织打扫卫生，有的同学溜之大吉，这就是不愿承担责任的表现；学生会组织同学检查校规校纪，有的同学遇到问题绕着走，对违纪问题敷衍了事，这就是不敢承担责任的表现。其实，责任感就是一种态度，是衡量道德水平的一个最基本的标准。也许有些同学不是什么都出色，但是只要认真负责，就一定能成为一个优秀的人。因为，责任感是一个人做人的基础，一个缺乏责任感的人是一个不可靠的人，是一个注定没有前途的人。同学们应当对“责任”二字心生敬畏，把“责任”作为我们做人、做事的底线。要通过增强责任感，通过履行自己的责任，来得到别人和社会的承认，来实现人生的价

值，来赢得人生的荣誉。

西点军校的校训是“责任、荣誉、国家”。每个毕业于西点军校的人，都把责任看作至高无上的荣誉，看作比生命还要重要的无价之宝。

一、成熟的第一步，就是敢于承担责任

我们肩负着学习的责任、成长的责任，在成长过程中我们会遇到许许多多的问题和麻烦，有的同学没有把责任变成一种优秀的习惯，遇事就躲、推、烦。具体表现为：依赖性强，生活上依赖父母，学习上依赖老师，大事小事由父母包办，大事小事找老师决断，独立生活能力低下，独立完成任务的能力有限；遇事找借口，把责任推给别人，喜欢为自己的弱点和不足找理由，把困难归咎于外在因素。

我们必须从现在开始，对自己的事情负起责任来，“尽吾本分在素位中”（清人金缨），把尽心尽力做好自己的事情作为自己的本分，作为一种道德修养，作为第一等的学问和功夫。

二、用责任自律

一次海难事件，幸存者 8 人挤在一只救生艇上。在海上飘荡了 8 天，仅有的淡水是半瓶矿泉水。每个人都恶狠狠地盯着那半瓶矿泉水，都想立即把它喝下去。船长不得不拿一杆长枪看着这半瓶矿泉水。坐在船长对面的一名 50 岁的秃顶男人，死死盯着那半瓶矿泉水，随时准备扑上去喝掉那仅剩的救命水。当船长打盹的一瞬间，秃顶男人猛然扑上去，拿起水就要喝，被惊醒的船长拿起长枪，用枪管抵着秃顶的脑门命令道：“放下，否则我开枪了！”秃顶只好把水放下。船长把枪管搭在矿泉水的瓶盖上，盯着坐在对过的秃顶，而秃顶仍然眼睛不离那瓶决定众人命运的半瓶水。双方就这样对峙着。后来船长实在顶不住了，昏了过去，可是就在他昏过去的一瞬间，他把枪扔到了秃顶的手里，并且说：“你看着吧！”

原来一心想要自己喝掉那半瓶水的秃顶，枪一到他手里，他突然感到自己变得伟大了，接下来的 4 天，他尽心尽力地看着那剩下的半瓶水，每隔两小时，往每人嘴里滴两滴水，而自己绝不多滴一滴水。到第四天他们获救时，那瓶救命的水还剩下瓶底一部分。他们 8 人把这剩下的水起名为“圣水”。

责任是一种律己的要求，人一旦有了责任，就马上开始注意到自己的行为对别人的影响，开始产生自律，并由此变得伟大起来。我们在学习生活中面临着诸多的责任：当你担任值日班长的时候，你成了全班同学的中心，你的一言一行要给同学们做出表率，你要以领导者的身份处理好班级事务，你要以极大的责任心为全班同学服务，这时你就成为了榜样，成为了一个标杆式的人物，这种责任产生的自律会使你变得更加优秀。

三、把责任看得比生命更重要

庞贝古城中就有这样一位士兵，他把责任看得比生命还重要。当时，庞贝古城的火山突然爆发，庞贝古城即将被埋葬。这时，守卫古城的其他士兵都匆忙逃命，只有他依旧站立在自己的岗位上，履行自己的职责。最后这位士兵因吸入过多的硫化气体窒息而亡。虽然他死了，但是他的精神却感动了很多人，直至现

在，在一座博物馆内还存放着这位士兵曾使用过的头盔和长矛。

这位士兵之所以能坚守岗位，是因为他具有很强的责任感。责任，从本质上说，是强制性的，所以在一个人尽责的过程中能让人忘记自己的存在，这就是责任心的核心所在。有时候，责任就意味着自我牺牲。

100 多年前，在美国的新英格兰，曾经发生了一次日食。日食发生时，天空突然变得非常黑暗，那情景就仿佛世界末日马上要来临了一样，所有人都产生了恐慌。在康涅狄格州，官员们正在召开例行的会议。当时天空变暗，会场里也一片黑暗，议员们开始骚动，其中一位议员建议停止开会。这时，一位年迈的议员立即从座位上跳了起来说道，即使真的是世界末日来了，他仍然希望自己能坚守岗位，履行自己的职责。因此，他建议在会场上点燃蜡烛，继续开会。对于这位议员来说，坚守自己的岗位就是他忠实的信条，他把责任看得很重要。

四、责任重于泰山

汶川地震后到处都是废墟，却有一幢教学楼屹立不倒。关于这座楼，还有一段关于责任的感人故事。

20 年前，建设那栋楼时，学校没有找正规的建筑公司，断断续续建了两年多。建成后，因为有严重的质量问题，没有人敢为这栋楼验收。新来的叶校长下决心一定要加固这栋楼。他要求十分严格，绝不能偷工减料。并且从 2005 年开始，定期组织师生进行紧急疏散演习。地震发生了，2200 多名学生，上百名老师，从不同的教学楼和不同的教室中，全部疏散到操场，以班为单位站好，仅用时 1 分 36 秒。学校外的房子百分之百受损，而叶校长主持修固的教学楼却没有倒塌，全校师生无一人伤亡。这就是责任创造的奇迹，这就是责任的力量。

我们学校每年都组织远足活动，几十里的路程，要过几十个路口，还要爬山越岭，过桥过湖，我们的老师始终坚持和学生在一起，无论年轻老迈，无论男女健弱，以最大的责任心确保了一年又一年的平安。我们每年都召开运动会，每年都有许多大型集体活动，也正是因为我们的老师对学生的高度负责，使各项活动安全开展，万无一失。

同学们要从自身做起，使自己成长为一名有责任心的人，凭责任心做人、做事，把责任当成一种生存法则，用责任充实生命，把责任看成人生的罗盘，真正使自己成为一个大写的人。

从小事做起

人生的修养是从一个个小行为开始的。古语云：“勿以恶小而为之，勿以善小而不为。”在我们成长的道路上，要使自己成为一个有修养、讲文明的人，必须从自我做起，从点滴做起，从身边的每一件小事做起，只有这样，你将来才能做成大事，你的人生才能高大起来。

每个同学都有成就大事业的情怀，但如何成长为一个将来能做成大事业的人？答案只有一个：从现在做起，从小事做起。

有人说，把小事做好就是大事，把平凡的事做好就是不平凡，把简单的事做好就是不简单，说得极有道理。不要瞧不起做小事，事物的发展，包括人的品质的形成，都是一个由少到多、由小到大的过程。如荀子在《劝学》中所说：“不积跬步，无以至千里；不积小流，无以成江海……”凡事皆有一个积累发展的过程，小事不愿做，大事就不会做成。所以，不要拒绝做小事。人的精神世界是由一点一点的精神日积月累建构起来的，当你由一件件小事塑造出了宏伟的精神境界时，你一定会体会到小事的重要。正所谓，小事不小，细微之处见精神。

香港商业巨子李嘉诚在事业上取得了巨大成功，在修养上也登上了让人敬仰的高度。他回顾自己的经历时，多次谈到对小事的重视给自己带来的好处，并总结成这样一句发人深省的话："栽种思想，成就行为；栽种行为，成就习惯；栽种习惯，成就性格；栽种性格，成就命运。"

反观我们自身，还是存在一些被忽视了的不好的小行为。比如，在校园内，有的同学不按规定停放自行车，出入校门不下车；带手机等通信工具进入校园，上课时玩手机；乱扔果皮、纸屑等垃圾；随地吐痰，污染墙壁，乱倒脏水；顶撞教职工，甚至威胁辱骂教职工；午睡和晚睡期间随便出入、喧哗、吃东西、看书等；起床后不叠被子，物品胡乱摆放；宿舍内使用电器，点蜡烛，打扑克，从宿舍内向外泼水、扔东西；私自外出，在宿舍间乱窜打闹；不按时就餐，不排队购买饭菜，随地倒剩菜，不按要求放置餐具，浪费水电饭菜；课间操迟到、早退，不认真做操；上课迟到、早退、睡觉、玩东西、照镜子、听音乐、吃零食等；不按要求撤离教室，不及时关灯、锁门；扰乱课堂秩序，说话、起哄、交头接耳、随便下位、换位；在教室、走廊、楼梯内追逐打闹；不参加卫生清扫；上完厕所不冲水；衣着不整洁，不讲究个人卫生……

作为一名中学生，我们几乎没有什么"惊天地，泣鬼神"的大事可做，有的都是日常学习生活中的平凡小事。来到学校，遇到同学、老师，打一声招呼，问一声好，看似平常的一声问候，拉近了与同学、老师的距离，赢得了老师的好感和同学的尊重；在宿舍里，把内务整理好，把卫生清洁好，要知道："一屋不扫，

何以扫天下?”每天值日，干的都是再小不过的事情，擦擦黑板，扫扫地，但这些小小的行为，练就着你的人生修养；遇到同学有困难了，主动帮上一把，虽然不一定能帮同学解决多大的问题，但你的帮助温暖着同学，见证着你对同学的关爱和友情，而一个关爱同学的人将来一定会成为一个有爱心、有担当的人。回到家里，帮父母做一点家务，在帮助父母的过程中，你升华了自己对父母的感恩与孝敬；走走亲戚，看望一下家中的老人，陪他们说说话，吃顿饭，在与他们的交流中，浓厚了亲情，感受了温情；为邻里做点小事，送去朋友般的情意，在这点点滴滴地交往中，你会把人生编织得更加五彩缤纷。

人生的修养是从一个个小行为开始的。古语云：“勿以恶小而为之，勿以善小而不为。”在我们成长的道路上，要使自己成为一个有修养、讲文明的人，必须从自我做起，从点滴做起，从身边的每一件小事做起，只有这样，你将来才能做成大事，你的人生才能高大起来。

“泰山不拒细壤，故能成其高；江海不择细流，故能就其深。”在我们的同学中，想做大事的人很多，但愿意把小事做好的人很少。有一个故事流传很广：有一个公司正在招聘管理人员，招聘会议的主持者在被招聘者到达招聘现场之前，在门口处横放了一把扫帚，所有的应聘者路过门口都看见了倒在地上的扫帚，但一个个却视而不见，跨过扫帚迈入门口，根本没有注意这件小事。只有一个应聘者在进入门口时，将扫帚拾起来，放在了门后。主持者看到此种情形，宣布说：“公司的招聘结束了，中聘的只有这一位先生。因为门口的扫帚就是今天的考题。”

是的，忽视小事的人最终不可能干成大事，而重视小行为的人将会一步步走向人生的成功，因为成功不是一蹴而就的，成功是由点点滴滴的积累垫筑而成的。智者善于以小见大，从平淡无奇的琐事中参悟深邃的哲理；名人善于积少成多，从貌似小事中取得丰硕的成绩。作为立下远大志向的我们，要下决心做好身边的小事，用一个个小行为成就自己的梦想！

马上行动

“马上行动”，不但是一种良好的习惯和态度，也是每一个成功者共有的特质。

成功是一架梯子，双手插在口袋里的人是爬不上去的。

我们中的有些同学经常制订许多计划，有学习方面的，有社团方面的，有锻炼方面的。计划制订在了纸上，就是没落实到行动上。还有一些同学天天说要如何如何，但每天都在说中空耗着时光，一点行动都没有，结果什么也没有干成。遇到考试了，才想到复习；到上交作业时间了，作业还没完成；学校或班级安排一项活动，总是推三推四，勉强接受了任务，不是积极地去做，而是迟缓拖延。这样的同学，如果不改掉这种“不行动”的毛病，不仅高中三年不会取得理想的结果，实现不了个人的梦想，而且在以后一生的工作生活中也不会是一个成功者。

有人曾经问一位非常成功的人士：“成功的秘诀是什么？”成功者回答：“马上行动。”又问：“当你遭到困难时如何处理？”“马上行动。”又问：“当你遇到挫折时，如何应对？”他仍然回答说：“马上行动。”的确，成功在于行动，正如利希特所言：“行动是通往成功的唯一途径。”“马上行动”，不但是一种良好的习惯和态度，也是每一个成功者共有的特质。

一份分析数百名亿万富翁实现财富梦想的报告显示，其共同特点就是有着迅速下定决心的习惯。世界首富比尔·盖茨是一位巨大的成功者，他的成功经验是："想做的事，立即去做。"汽车大王福特最引人注目的特质之一，就是迅速决定，马上行动，这种特质使他能够在所有顾问反对的情况下，在许多购车人力促他改变决定的情况下，坚持己见，制造了T型车，最后获得了更大的成功。富兰克林曾经说："把握今日等于拥有两倍的明日。"今天该做的事不能拖延到明天，"必须把握今日"去做完它，一点也不能懒惰，一点也不能迟缓。很多人做事情缺少决心，或决心不大，习惯于拖延。其实，拖延是一个人走向成功的第一个敌人，是每一个成功者必须征服的公敌。失败者往往是遇事迟疑不决、犹豫再三，即使终于下了决心，也不是雷厉风行，积极进取，而是习惯于朝令夕改，左右摇摆。曾经有位考试没考好的同学和我说："从下学期开始，我要好好学习。"可是，我告诉他："不，你要从今天开始好好学习，否则就太晚了。"

有些同学之所以干事情有拖延的毛病，主要是存在心理上的障碍，缺乏行为学上所称的"瓦伦达心态"。

美国一个著名的高空走钢索的表演者瓦伦达在一次重大的表演中，不幸失足身亡。事后他的妻子说，我知道这一次一定会出事，他上场前总是不停地说，这次太重要了，不能失败，绝不能失败；而以前每次成功的表演，他只想着走钢索这件事本身，而不去管这件事可能带来的一切后果。后来，人们把奋不顾身做一

件事情的心态，叫作“瓦伦达心态”。

这种心态的特点就是先行动起来，不要患得患失、瞻前顾后。比如有的同学阅读能力差，那么就要订一个阅读计划，严格按照计划扩展自己的阅读面。有的同学书写不规范，那么就要从一次次作业规范做起，从一次次考试规范做起，养成规范的习惯。做其他事情，比如参与集体活动、社团活动，也要有矢志不渝、专心致志的行动要求。正如拿破仑那句名言说的那样：“先投入战斗，然后再见分晓。”《神曲》中但丁在其导师古罗马诗人维吉尔引导下，游历了惨烈的九层地狱后来到炼狱，一个魂灵呼喊但丁，但丁便转过身去观望。这时导师维吉尔告诫他：“为什么你的精神分散？为什么你的脚步放慢？人家的窃窃私语与你何干？走你的路，让人们去说吧！”说得多好呀，认准了路，向着目标心无旁骛地前进，永不回头，这样才会到达成功的彼岸。

坚决行动，快速行动，并不是盲目行动，轻率行动。为了更好地行动，一是要有目标，做到行动有方向；二是要讲究行动效率，懂得利用时间，善用资源，以最少的资源和最短的时间，争取最大的行动效益；三是讲究行动策略，遵循循序渐进原则，遵循灵活进退原则，在行动中机变改进，不能莽撞，不能蛮干；四是要评估好行动的风险，因为行动与风险同在，一般而言，行动越大，风险越大；五是坚持到底，经得住考验，不能半途而废。

伏尔泰说：“人生来就是行动的，就像火花总向上腾，石头总往下落。对人来说，没有行动，也就等于他并不存在。”心理学家威廉·詹姆士也说过：“要改变人的一生，第一，立即行动。第二，满腔热情地去做。第三，没有例外。”只有行动，才会让我们的梦想变成现实；只有大量的行动，才会让我们超越对手，超越自己。

英国诗人布莱克说：“成功是一架梯子，双手插在口袋里的人是爬不上去的。那些做了决定立即行动的人，才是我们这个社会真正的赢家。”让我们从现在开始，从口袋里抽出双手，立即行动，做社会的真正赢家。

◎修成金刚不倒之身

敬畏生命

世界上金钱可以买到很多东西，但却买不来健康，换不回生命。

爱自己，就是对自己负责；保护自己，就是善待生命；善待生命，就是成熟的标志。

一段时间以来，媒体多次报道学生自杀的消息，看了之后，让人心痛不已。有一位学生同父母顶了几句嘴，离家出走，游荡无依时又不愿回家，最后选择了自杀；有一位初中生挨了老师的批评，不理解，想不开，跳楼自杀身亡；还有一位高中学生，连续几次考试成绩不断下滑，绝望之中用农药结束了自己的生命……这接连发生的青少年学生自杀事件向全社会敲响了警钟：孩子们为什么会舍弃了花季般的美好生命？如何学会敬畏生命、热爱生命？

一、明白生命的意义

我们中的许多同学不明白生命的意义，不理解死亡的含义，个别学生把“我不想活了”“生活真没意思，我死的心都有”等等挂在嘴边，不知道生命意味着什么，生命多么宝贵。应当清楚，生命对每个人而言都只有一次，失而不可得。每个生命都值得珍视，值得爱护，每个生命都其极宝贵。世界上金钱可以买到很多东西，但却买不来健康，换不回生命。我们是家庭中的唯一，是学校中的唯一，是世界上的唯一。我们一定要善待生命，做到善待生命从善待自己开始。善待生命就要敬畏生命，热爱生命。我们的生命不仅属于自己，而且属于父母，同时也属于亲友，属于整个社会。

二、克服心理弱点

中学阶段的孩子具有特殊的生理和心理特点：生理上有“成人感”，心理上却是未成年人状态；言语行为上常有片面性、绝对性和极端性；处于青春躁动期，易冲动，易逆反；价值观等在形成，但观念幼稚；遇事好逞强，情感脆弱，意志力不强。

每个同学，都要结合这些特点，时刻要求自己加强道德修养和意志磨炼，及时调整自己的情绪和心态，正确看待自己、他人、家庭、学校和社会，妥善处理人生中对生命成长影响较大的事件。

三、学会给自己减压

在激烈的社会竞争中成长起来的孩子压力很大，如果这种压力找不到很好的出口，不能及时排解，可能就会无奈地选择逃避，甚至把死亡当成一种发泄不满、逃避现实的方式。压力来自多个方面，但主要的是学习压力。其实，学业成绩好坏决定不了人的一生，对分数根本不用拿生命去计较。再说，成绩好坏都是暂时的，动态的，好可以变差，差可以变好。即使成绩一直差下去，也没什么大不了的，只要你自己尽力了，“尽吾力而不能至者，可以无悔矣，其孰能讥之乎?”。

四、提升抗挫折能力

人的一生不可能一马平川，一帆风顺，总是会遇到一些风风雨雨，甚至暴风骤雨。遇到挫折怎么办?不要沮丧，更不能绝望。俗话说“车到山前必有路”“没有过不去的火焰山”“办法总比困难多”，要坚定信念，不屈不挠，愈挫愈勇。

五、正确处置不愉快事件

我们的成长过程中，可能会遇到一些突发事故，如父母离异、长辈去世、家中有人长大病，遇到这样的事要学会适应，学会应变，学会调节，不要把所有的担子压在自己稚嫩的肩上，该我们这个年龄承担的责任要勇敢挑起来，不该我们这个年龄负担的东西要抛下去，“放下包袱，轻装上阵”。我们的生活中也不时会遇到考试受挫，遭到老师批评、父母责怪和与同学打架等问题，要学会寻求帮助，及时找老师、父母、同学沟通，及时疏导自己的心理，在别人的引导、帮助下渡过难关，走出围墙。

同学们，爱自己，就是对自己负责；保护自己，就是善待生命；善待生命，就是成熟的标志。让我们一起敬畏生命，热爱生命，快乐健康地成长吧!

既然是在春天，就不要去做秋天的事

不要以为我细小的手指可以抹平你心中的创伤。不，它能承受的只是拿书握笔的力量。我脆弱的心灵载不动你的款款深情，驶向海洋。

请大家先看这样一篇小短文，题目是《未成熟的果实》：

十七岁的儿子最近总和一位同班的女孩走在一起，经常很晚回家。父亲知道后，没有跟儿子说什么，而是一声不吭地将院子里那棵苹果树上所有未成熟的苹果摘下来。儿子回家后，看见桌子上一筐未成熟的青苹果，很纳闷地问："这些果子还不熟，根本不好吃，为什么这么早摘下来?"父亲看着儿子平静地说："提前摘的果子不好吃，这与一个人在未成年的时期做成年人的事有什么区别呢?"儿子听了后恍然大悟，他果断地走出了那段不该发生的感情，全身心地投入到学习中去。那年秋天，他家果树上没有收获到成熟的苹果，但他知道：在人生的秋天，他一定会收获很多很多的果实，包括爱情。

高中阶段正是人生最美的阶段，这个时期大家都难免会产生

一些朦胧的想法，包括对异性的好奇，对异性的好感，对异性的爱慕。但大家都应正确地对待，这就像马拉松比赛，沿途有许多美丽的风景，在没有冲线之时，停下来观看，就不可能争取到好的比赛成绩。高中阶段是通向目的的一个站口，如果你停下来了，就会输掉这场比赛。人生的每个阶段都有每个阶段的目标，我们绝不能在春天挥霍秋天。高中阶段对每位同学来说都是十分宝贵的黄金时代。这段时光犹如明媚的春天，如果播下理想，洒下汗水，将来就会收获学业的成功、事业的成功、美好的未来；如果沉溺于感情，将未成熟的青苹果早早摘下品尝，将来只能是一场幻想，一生悲伤。有这样一首小诗，同样说明了这个道理：

所有的日子依旧美好
世间万物各有时节，
过早地成熟就会过早地凋谢。
我们既然是在春天，
就不要去做秋天的事。
不要以为我细小的手指可以抹平你心中的创伤。
不，它能承受的只是拿书握笔的力量。
我脆弱的心灵载不动你的款款深情，
驶向海洋。
我不想让自己的小船过早地搁浅，
所以请收回你热烈的目光。
请原谅我的沉默，

失去我，你并不等于失去一切，
如果真的如此不幸，
只能说明你还不成熟。
把连同你青春的心事一块儿，
尘封进那粉红色的记忆吧。
那里，你会发觉阳光依然灿烂，
所有的日子依旧美好。

既然这样，那么，应当如何把握情感，与同学健康交往，顺利度过高中时光。

一、认清青春期恋爱的面目

曾经天真烂漫、无忧无虑的少年，从某一天起，他的一切悄悄地发生了巨大的变化：身体长高了，代表着性别特征的某些器官成熟了；思绪多了，情感丰富了，开始关注异性了，对异性有好感了……习惯上，我们把 12 ~ 18 岁这个时期称为青春期。

在青春期，由于种种因素，男生与女生之间会产生一定的好感，逐渐转变为喜欢，随着接触时间的延长，喜欢逐渐升级，而后便成了通常所说的“早恋”，社会学家通常称之为“青春期恋爱”。

青春期恋爱是年龄的产物，是成长的产物，是少男少女这个年龄段一个突出的特征。只要我们正确地认识它，对待它，这种男女之间的“朦胧感情”还是有助于我们深化同学间的友谊的，也可以促使我们对异性心灵的了解，同时让异性了解我们，从而真正地认识自己，知道自己的现实使命是刻苦读书，成就美好未来。

伟大的爱情可以与上帝媲美，但青春期的恋爱达不到这种境界。因为，青春期的爱，是一种对爱的不成熟、不正确的理解。

青春少年的身心都还没有完全成熟，过早恋爱，会产生不容忽视的危害，不但会影响双方的学习，还会造成很大的心理问题。青春期恋爱是同学之间为了一时的激情而产生的幼稚想法，全然不顾后果，也根本不会有爱的结果，所以，我们应该看清青春期恋爱的真实面目，不应该“早恋”。

青春时对爱情产生好奇，感情萌动是正常的，但对爱情的理解是肤浅的。少男少女们认为爱情是美好的，所以对异性的言行举止产生好感后，就认为爱上对方了。但是有好感不等于有爱情，爱情要和彼此的性格、爱好、事业联系在一起，只有男女双方性格契合，事业互助，情趣相投，才能酿成醇香持久的爱情美酒。

青春期的初恋是爱情的萌芽，并不是成熟的爱情，没有深刻丰富的社会内涵，只是一种纯粹的自然的爱、幼稚的脆弱的爱、盲目的冲动的爱。真正的爱情是和婚姻、家庭、责任分不开的；但是还处在青春期的学生双方的肩膀往往过于稚嫩，承担不起这些重负，因此，青春期同学间的“爱情”常常夭折。

青春期的爱情是易变的，不稳定的，因为同学们无论是学识还是个性都没有定型，正处于情绪易变期，过早恋爱的同学常常表现出患得患失，经常受到消极情绪困惑，带来一系列心理问题和社会问题。

二、摆脱青春期感情的困惑

同学们正处于一生中学习知识掌握本领的最关键阶段，应当努力学习，以学业为重，为自己将来的前途和人生打好基础。而早恋会极大地分散精力，浪费时光，最终两头落空，恋爱没有结果，学习受到贻误，从而严重影响一生的生活和前途。

当然，如果你对异性产生好感，也不是什么丢人的事，也不要为此烦恼和忧虑。因为这种好感只要处理得当，可以给你一个好心情，促进你的学习。如果你不能很好地处理这种感情，那么，可以尝试一下这几种办法。

1. 丰富自己的课余生活，克服精神空虚

中学生活泼好动，精力充沛，如果没有丰富多彩的课余生活，旺盛的精力难以发泄，无聊之余，可能想入非非，让各种低级庸俗的东西乘虚而入。因此，你要积极参加班内校内的各种活动，发展广泛的兴趣爱好，把剩余的精力和时间放在追求高尚的精神生活和文体活动上来。

2. 专注学习，将注意力转移到学习上来

人的一生中有许多美好的事物，每一个年龄阶段有其生活的重点，高中生就应该把学业放在第一位上，通过刻苦学习，考入一所理想大学。只要把时间和精力都投入到学习上了，也就没有心思和时间谈情说爱了。

3．扩大交际范围，多结识品学兼优的伙伴

多结识一些品学兼优的同学，既可以减少两人单独相处的机会，分散对“恋人”的注意力，又可扩大交际圈子，在与他人的更多交往中，拓宽眼界，开阔胸襟，激发上进心。

三、经受“爱的锻炼”

进入青春期，渴望了解异性，同异性交往，这是青春期心理发展的正常表露，是青少年身心健康发展的重要标志，是一种“爱的锻炼”。

1．学会正常地与异性交往是一门必修课

因为与异性交往并非必然陷入恋情，更可能是同学、朋友等多种人际关系，这是对未来事业发展和社会人际关系适应的必要准备，正如不能因为可能发生车祸而不让汽车上路，可能出现空难而不让飞机上天一样，应当承认与异性交往的益处和“异性间互补”的不可替代性。

2．把握与异性交往的尺度

一对一的异性相处，很容易碰撞出爱情的火花儿，应尽量避免单独接触。频繁地接触往往会使彼此好感进一步加深，应当尽量减少接触机会。

3．摆正心态，坦然面对

我们不必因为异性的追求而惶恐不安，也不必因为自己对异性有爱慕之心而不知所措。要坦然面对自己，保持平和心态。

4. 学会拒绝

一是在了解对方对自己有好感之后，不要用刻意回避，甚至嘲讽、谩骂、训斥对方的过激方式表示自己的拒绝。因为这样会伤害对方，在对方心中形成阴影。低调处理就是很好的处理方式。

二是当自己感觉对某个异性产生好感时，要学会自我否定，用理性战胜尚未成熟的情感，将对异性的欣赏化为奋进的动力。

三是明确地告知对方，自己不想恋爱，对对方没有这种情感，要勇于说“不”，不给对方留有余地和幻想。

5. 寻求帮助

当你因为感情上的事困惑时，可以找同学老师倾诉，听听他们的意见和建议；如果仍然解决不了问题，应该向心理老师寻求帮助。

祛除嫉妒这个妖魔

面对别人的进步与成功，我们不能认输，要敢于承认自己与别人的差距，把别人的进步给自己带来的压力变为前进的动力，进一步学习、充实、提高自己。

莎士比亚说过这样一句话："你要留心嫉妒呀，那是一个绿眼的妖魔。"的确，嫉妒是一种十分危险的精神状态，其特点是以极端自私自利的人生观为核心，嫉妒别人的才华、能力、成绩、品行乃至于相貌、服饰、家庭等；只要别人比自己优秀，就不能容忍，或恼怒，或仇恨，或千方百计诋毁。

德国有一句谚语："好嫉妒的人会因为邻居的身体发福而越发憔悴。"

嫉妒是人心头的一根刺，害人害己。对自己而言，嫉妒的人会把目光用在阻碍别人身上，而不是潜心于自我的开发；流言、恶语、陷害、阻挠、拆台、造谣等，对被嫉妒者造成的后果更严重。中国古代历史上，庞涓嫉妒孙膑，李斯嫉妒韩非子，都是以害人开始，以害己结束。

清朝雍正年间有个白泰官，是当时八大武术家之一。他成亲后因故离家多年，一直浪迹江湖。有一次在回乡途中，他巧遇到一个小孩正对着一块大石头练功，掌到之处，火光四溅。白泰官想，我的家乡竟有这样的小孩，现在武功就如此了得，长大后肯定超过我。在强烈的嫉妒心驱使下，他竟然一掌把孩子打死了。

这个孩子在断气之前，留下了这样一句话：“我爹爹是白泰官，他武艺高强，一定会找你报仇的。”白泰官一听，如五雷轰顶，方知道杀的是自己的儿子，但悔之晚矣。

因此，嫉妒不仅危害别人，更是危害自己。中国古代有副对联：“欲无后悔须律己，各有前程莫妒人。”就是告诫我们不要嫉妒别人，要不断地反省自己。

《公羊和驴》的寓言故事也说明这个道理。

从前，有个人同时饲养着一只山羊和一头驴。因为驴总是每天不知休息地干活，所以主人总是给它准备充足的饲料。而山羊并不干活，所以主人对他的照顾不如对驴那样精心，总是让山羊自己到外边寻找青草吃。嫉妒心很重的山羊便对驴说：“你一会儿要推磨，一会儿驮沉重的货物，十分辛苦，主人也并不给你放假，你不如装病，摔倒在地，这样便可以得到休息。”驴于是听了山羊的劝告。有一天，在驮货物时，驴假装体力不支，倒在地上，摔得遍体鳞伤。主人见状，立刻请来医生，为驴治疗。医生说：“要将山羊的心肺熬汤作为药给驴喝，才可以治好驴的病。”于是，主人马上杀掉山羊为驴治病。

山羊因为嫉妒丧失了生命。

我们同学中也有这样的人，见不得别人有半点好。同学学习进步了，他感到痛苦，恨不得别人考试时一败涂地；同学得到了老师的表扬，他像受到了批评一样，心里苦恼不已；有的同学获了奖，他不但不祝贺，反而说风凉话。就连同学穿了件好衣服，他也心怀妒意。这样的同学天天生活在嫉妒的阴影中，过着痛苦不堪的日子。

“人贵有自知之明。”对别人的成绩，我们不能充满了嫉妒，而应以一种不服输、不甘落后的心态，好好努力，想办法提高自己的能力。

《红与黑》的作者司汤达于1838年写成了另一部名著《巴尔玛修道院》。他宣称，这部小说要到1880年以后才会被人理解。不料，法国作家巴尔扎克在《立宪报》上读到司汤达这部小说中描写的滑铁卢战役的一章后，在一封信中写道："我简直起了嫉妒的心思。是的，我禁不住自己一阵醋意涌上心头，我为《军人生活》（巴尔扎克的作品）梦想的战争，如今人家写得这样高妙、真实，我是又喜又痛苦，又迷茫又绝望。"不过，巴尔扎克很快从嫉妒中挣脱出来，第二年，他写了《司汤达研究》一书，对《巴尔玛修道院》大加赞美，并以此作为写作的动力。

从中我们受到的启发是：化嫉妒为前进的动力。当你通过自己的努力成功地超越一个个曾经被嫉妒的对象时，嫉妒自然会被抛在脑后。太阳不会嫉妒一支灯管，海洋不会嫉妒一条小溪，雄鹰不会嫉妒一只飞蛾。

一个整天忙于学习的人，是没有时间嫉妒别人的。一位哲人说："谁要是不承认自己有力所不逮者，有比自己更完美、更高强者，有比自己更漂亮者，谁就永远在欲望的深渊里挣扎。"学会从嫉妒中走出来，把嫉妒变成对自己的激励和鞭策，有勇气承认周围有的同学确实比自己优秀，从而发现自己的不足，才有前进的动力，才能进一步提高自己。嫉妒从来只会光顾闲人，它不会轻易招惹充实而忙碌的人。面对别人的进步与成功，我们不能认输，要敢于承认自己与别人的差距，把别人的进步给自己带来的压力变为前进的动力，进一步学习、充实、提高自己。记住：战胜自己才是最大的进步，摆脱嫉妒就要战胜自己。

拂去偏激的阴云

眼里只有自己，没有别人，任何人都看不起，不能从长远利益分析问题，死守一隅，坐井观天，容不得别人进步，把自己的偏见当真理，是做人处事的大忌。

偏激是指人的意见、主张等过火。我们中的有些同学平时不注意个人修养，不能以正确的心态对人、对事，而常以极端的心理看人、看事，以歪曲的眼光看问题，遇事顽守己见，明知有错而不认错改错，以偏概全，在待人处事中表现出种种偏向、偏见、偏好，出现一些偏激行为；爱钻牛角尖，不会变通，处事不灵活；不能站在他人角度考虑问题，易将错误推给他人或强调种种客观理由；对别人的意见置之不理，对别人的规劝一概不听，给自己的交往及与同学相处带来诸多麻烦。这样的同学缺少朋友，得不到他人的尊重，也为自己的成长设置了诸多障碍。

偏激，是为人处世的一个不可忽视的缺陷。三国时期，汉寿亭侯关羽过五关斩六将、单刀赴会、水淹七军，那是何等英雄气概。可他有一个致命的弱点，那就是刚愎自用，固执偏激。当他受刘备重托留守荆州时，诸葛亮再三叮嘱他要“北拒曹操，东和孙权”，可是，当吴主孙权派人来见关羽，为儿子求婚时，关羽却勃然大怒，喝道："吾虎女安肯嫁犬子乎?"这种不顾大局、不计后果的偏激行为，导致了吴蜀联盟的破裂，以致两国刀兵相见，关羽也因此落得个败走麦城、被俘身亡的下场。本来，对方来求婚，同意与否在其次，怎能出口伤人，以自己的个人好恶和偏激情绪对待关系全局的大事呢？假若关羽少一点偏激，不意气用事，那么，吴蜀联盟就不会遭到破坏，荆州的归属可能是另外一种局面。

关羽不但看不起对手，有时候也不把同僚看在眼里。名将马超来降，刘备封其为平西将军，远在荆州的关羽大为不满，特地给诸葛亮去信，责问说："马超能比得上谁?"老将黄忠被封为后将军，并加封为关内侯，关羽又当众宣称："大丈夫终不与老兵同列!"一些被他蔑视和侮辱的将领对他既怕又恨，以致当他陷入绝境时，众叛亲离，无人救援，最终使他走向败亡。

眼里只有自己，没有别人，任何人都看不起，不能从长远利益分析问题，死守一隅，坐井观天，容不得别人进步，把自己的偏见当真理，是做人处事的大忌。如果不改正这种"关羽遗风"，就很有可能使自己误入人生的"麦城"而走向失败。

偏激源于人格上的不完善，知识的贫乏，见识上的孤陋，社交上的自我封闭以及思维上的主观唯心等等。对此，可以从以下几个方面克服自己偏激的毛病。

1. 阳光思维，正面看待问题。待人处事要注意消除阴暗心理，多从善意出发看待问题，团结友爱，与人为善。

2. 辩证思维，学会全面、客观、灵活地看待和分析事物，善于从不同的角度分析问题，学会换位思考。勤于思考，经常想一想自己提出的观点是否符合实际，学会“三思而后行”。

3. 丰富知识，总结经验。应当多学习修身养性的知识，扩展自己的知识面，拓展兴趣范围，多方面接触生活，丰富生活阅历，积累生活知识，获取知识经验。

4. 增强自制力。学会控制自己的情绪，学会制怒，约束自己的行为，提高自我控制能力。要加强意志力锻炼，使自己成为一个能战胜自己、超越自己的人。

5. 学会交际的方式方法，对人讲礼貌，讲礼让，讲谦和，不恃才傲物，目中无人；不逞强好胜，盛气凌人；不粗暴野蛮，得理不饶人；不讽刺、挖苦、打击别人。遇事心平气和，有礼有节，学会控制和协调。

远离冲动这个魔鬼

控制冲动是一种生存的智慧，一个能控制住冲动的人，一定能化解各种矛盾，受到世人的尊重。

作为少年期结束、青年期开始的高中阶段的学生，心理发展具有不平衡性、动荡性、自主性、前瞻性、开放性、闭锁性、社会性等基本特征，在这些特征中，不平衡性和动荡性是两大较危险的特征，极易造成同学们的冲动。

我们先来了解一下这两个特征。

1. **不平衡性**

作为青年初期的高中生，生理发展迅速走向成熟，而心理发展却相对滞后。他们在理智、情感、道德和社交方面，都还未达到成熟的指标，还处在人格化的过程中。也就是说，高中生的生理和心理、心理与社会关系的发展是不同步的，具有异时性和较大的不平衡性。这个特征说明，高中生在生理上已长大成人，但在人格上还没有完全成人。表现在与人交往中道德观念差，缺少理智。

2. **动荡性**

正如别林斯基所说："青年期也就是向成年期过渡的时期，这种过渡往往是分裂、不调和的。一个人已经不满足于自然的天性和朴素的感觉，他想知道更多。可是因为他在获取令人满足的知识之前，必须经过千万次的迷误，必须同自己作斗争，所以他也有蹉跌的时候。”高中生心理发展的动荡性表现在知、情、意、行等各方面。例如，他的思维敏锐，但片面性大，容易偏激。他们热情，但容易冲动，有极大的波动性。他的意志品质也在发展，但在克服困难中毅力还不够，往往把坚定与执拗、勇敢与冒险蛮干混同起来。在行为举止上表现出明显的冲动性，是意外伤亡最高的年龄阶段。在对社会、他人与自我之间的关系上，常易出现困惑、苦闷和焦虑，对家长、老师表现出普遍的逆反心理和行为。

以上说到的这两个特征，其危险性都共同指向了冲动。从心理学上讲，冲动是行为系统不理智的多种表现，人一旦冲动，会干出种种蠢事来，导演出一场场悲剧。《三国志》中有一个极易冲动的人物叫张飞，属于典型的冲动患者，他不但经常辱骂部下，还经常鞭挞部下，最后落了个酒后被部下所杀的悲惨下场。在我们的同学中每年都有打架斗殴的，甚至有的同学用凶器伤人，造成了严重的后果。俗话说：“冲动是魔鬼。”那么，我们如何才能避免冲动呢？

一、学会控制自我，养成自制自控的性格

歌德说：“谁若不能主宰自己，谁就永远是一个奴隶。”毕达哥拉斯说：“自制是世界上最强大的力量和财富。”我们要修炼自己的品性，养成平和看待问题的习惯。遇到摩擦先让自己冷静下来，也就是人们经常说的“热问题冷处理”。要善于忍让，善于制怒。林则徐年轻时好冲动，他为了控制自己，专门写了一副对联挂在室内，时刻提醒自己宽容忍让。这副对联是这样写的：“海纳百川，有容乃大；壁立千仞，无欲则刚。”曾国藩带兵打仗也好焦急上火，动不动向部下发脾气，后来他觉得这样做有失儒雅和大帅风度，就专门研读《忍经》，并把《忍经》奉为经典，终成一代名臣。

控制冲动是一种生存的智慧，一个能控制住冲动的人，一定能化解各种矛盾，受到世人的尊重。

二、学会舒缓自己的情绪，舒缓自己的冲动

大禹治水使用的是疏导的方法，我们借用这个方法来疏导自己的情绪，可以有效避免冲动。当与同学发生冲突的时候，首先在爆发之前管住自己，把火气压下去，然后找台阶下，既给自己找台阶，也给对方找台下，力争尽释前嫌，握手言和，和好如初。有人说：“成功者控制自己的情绪，失败者被自己的情绪所控制。”说得很有道理。

三、三思而后行

要对自己的行为进行严格的约束：一是慎言，不乱说乱道，不挑起事端，不打击讽刺挖苦同学，不对同学说三道四，不挑拨离间，不传谣造谣；二是慎行，无论做什么事情都要想好了再做，做之前一定预测一下后果，万万不可鲁莽行事，操之过急。

四、讲规矩，讲法纪

头脑中要时刻绷紧纪律、法纪这根弦，要规定好几条为人处事的底线，做一个遵规守纪的合格中学生。

抵制诱惑，抗拒诱惑

在走近诱惑的时候，我们心中的理想与目标会渐行渐远，在享受诱惑带来的快感的同时，我们也许已偏离了人生的轨道，远离了人生的幸福与美好。

诱惑，顾名思义，就是引诱迷惑。在现代社会中，科技和经济的迅猛发展大大丰富了人们的生活，但与此同时，也带来了更多的令人不安的诱惑。特别是对于初具理性思考和判断能力的高中生来说，这些诱惑更是有着难以阻挡的魔力。

做作业时，会受到游戏的诱惑；上课时，会受到外面世界的诱惑；放学后路过网吧，会受到上网的诱惑；看到有同学抽烟，会受到“我是不是也可以抽一抽尝尝”的诱惑；看到有人恋爱了，有早恋的诱惑；考试时，有作弊的诱惑；看到同学穿上了漂亮衣服，有攀比的诱惑；甚至有偷盗的诱惑、抢劫的诱惑……诱惑之所以具有让人很难抵抗的力量，是因为它们无处不在，而且往往以迷人的面目出现，或者以短暂的快乐来蒙蔽我们的视听。但是，在走近诱惑的时候，我们心中的理想与目标会渐行渐远，在享受诱惑带来的快感的同时，我们也许已偏离了人生的轨道，远离了人生的幸福与美好。

诱惑是一把锋利的匕首。爱斯基摩人有一种很特别的捕猎北极熊的方法：拿一把锋利匕首，沾上鲜血，让它冻结成冰，再沾上一层鲜血，又冻结成冰，如此反复，直至鲜血冻成的冰把匕首的锋芒层层裹住。然后把匕首锋刃向上插在北极熊出没的地方。北极熊闻到血腥味就会过来舔食匕首上的鲜血，一层层地舔，匕首上的血舔干净后，锋利的刀刃割在舌头上，但北极熊因为贪婪毫无觉察，自然不停地舔着自己舌头上流出来的鲜血，直至血流过多而亡。

诱惑是一剂致命的毒药。从前，在山中生活着一只怪兽，它白天在洞穴中睡觉，晚上出来毁坏庄稼，偷吃家畜。人们对它恨之入骨，可怪兽身体敏捷，头脑灵活，猎人设的陷阱，总能被它识破，所以人们一直难以除掉它。后来，有人把一只泡过毒药的烧鸡放在了它的洞口，虽然这只怪兽已经判断出了这只烧鸡有毒，可是转念一想，吃上一小块也许不会丧命。于是，它经不起诱惑，谨慎地撕下一小块放入口中，味道真是比那些生肉强多了。烧鸡的美味让它欲罢不能，它又撕了一小块放入口中……当烧鸡吃了一大半时，怪兽已经感觉到了危险，但这时它已经控制不住自己了，它想，既然吃了这么多了，再多吃一块也无所谓了。第二天，人们在洞中发现了怪兽的尸体。

一个人能取得多大的人生成就，很大程度上取决于他抗诱惑能力的强弱。我们生活的时代是一个充满诱惑的时代，如果不能以顽强的意志保持自我，哪有时间实现奋斗的目标？培根曾说过：“知识给予人内在的力量。”这种力量能帮助人们抵挡住外在的诱惑。现实社会中有许多人能够以坚定的目标、崇高的信仰取得了挑战诱惑的胜利，拥有了美丽的人生。

詹天佑是我国著名的铁路工程师，当初他留学国外，因学习成绩优异而被国外大公司重金聘用，可他心里始终装着祖国，拒绝了大公司的金钱诱惑，毅然回国，担起了科学兴国的重任。类似的人物，不胜枚举。

如何抗拒诱惑？一是要用人生的目标引领，始终为实现人生理想而不懈奋斗；二是要有顽强的毅力，敢于抗拒诱惑，敢于与私心杂念作斗争；三是修身养性，远离铜臭，远离低级趣味，让自己成为一个有高尚情操的人，有高雅情趣的人；四是及时警示自己，告诫自己，自尊、自重，经常反思反省；五是找到榜样，找到方向；六是加强学习，丰富自己的精神世界，做一个内心强大的人。

远离网吧

我们并不一概反对上网，我们反对的是无节制地上网，包括时间的不节制和内容的不节制。我们并不一概反对玩乐，我们反对无节制地玩乐，不加选择地玩乐。

网络游戏、网上聊天和网上色情被称为网上“三大魔爪”（或“电子海洛因”“三大美丽陷阱”），是青少年走向堕落的三大杀手。据调查，青少年上网，70%以上是玩游戏，30%是交友聊天，真正为获取信息、帮助学习的微乎其微。而互联网如毛细血管一样遍布城乡各地，与之一同发展起来的是遍地网吧，许多同学身陷其中不能自拔。殊不知，网吧之害，后患无穷。

一、摧残身体，付出健康代价

1. 严重影响视力，伤害眼睛

长时间上网，眼睛高度疲劳，易引发多种眼病，视力下降是最常见的一种。广州市曾对长期上网的学生做过一次视力调查，每天上网时间达5小时以上者，每月视力平均下降0.1，每天上网时间长达10小时以上者，每月视力平均下降0.3。报载浏阳市淮川一中一名中学生一连泡网吧十几天，视力由1.2下降到0.2。

2. 消耗精力，拖垮身体

网络游戏具有强大的诱惑力，使人欲罢不能，深陷迷恋其中，达到废寝忘食、忘记劳累的疯癫地步。不分昼夜，没有节制地长时间上网，极大消耗着人的精力，让人萎靡不振，不思饮食。由于上网玩游戏时高度刺激，精力需高度集中，伴随着血液加速，心跳加快，会出现精神亢奋，精神幻觉，让人神魂颠倒。

网吧中空间狭小，人员密度大，空气恶浊，烟味、食品味、酒味、汗臭味充溢其中，游戏声、说话声、打闹声，声声刺耳，人的健康将会受到极大损害。报载怀化市一名 12 岁小学生在网吧连续泡了 3 天 3 夜，饿了只喝口水，困了伏在电脑桌上打个盹，通宵达旦地玩游戏，当家人找到他时，身体已极度虚脱，生命垂危。

3. 很容易造成猝死

报载 2004 年 4 月，新邵县一名 13 岁学生从家里偷出 300 元钱在网吧玩电子游戏，由于游戏刺激，连续 4 天 4 夜不休息，过度疲劳，最后猝死于网吧。

二、心理受损，导致心理障碍

长期上网的同学，迷恋于虚幻的世界，对现实的学校生活产生了极大的反感，造成了严重的厌校厌学心理；有的同学受暴力游戏影响，产生了焦躁情绪，性格粗暴，极易情绪失控，造成对他人的言行伤害；有的同学依赖网上聊天，减弱了与别人交流的愿望，形成了自闭心理。学生时代比较单纯，而社会复杂多变，有些同学把持不好自己，刺激了精神，甚至被骗失身，形成一生抹不去的心理阴影。

报载河南的一名高一学生刘某，因网恋被一中年男性拐卖到湖北某地，父母寻找多日没有找到其下落，后在公安机关的协助下才将这名女生解救出来。这位女生回家后几近精神失常。像这名女生一样处于青春期的少女，自控能力差，好奇心重，自我保护意识不强，很容易使自己受到欺骗和伤害。

三、荒废学业，让升学梦想破灭

学生一旦痴迷上网，就会放松了对学习的要求，放弃了升学的理想，又因为上网占用了太多的精力和时间，上课无精打采，精神恍惚，注意力不集中，学习效率低下，成绩会一落千丈。

我们曾经做过上网对学业影响的专题调查，结果显示：正面影响学业长进的同学只占少数，更多的同学因上网无节制，而耽误了学习；有的甚至因此辍学，失去了大好前途。

北京军区总医院戒瘾治疗中心主任陶然的办公室里曾上演过这样惨痛的一幕。一位母亲含着眼泪，哽咽地对医生说："医生，只要你能治好这孩子，我就给您跪下了！"这位母亲来自南京，为什么给医生下跪？因为他的儿子曾经是一名学习优秀的学生，升高中时是年级的前几名，还有绘画特长，认识的人都说这个孩子将来一定会考上一所理想的大学。可是从升入高中开始，随着学习压力增大，这个同学学习之余通过网络"解压"。慢慢地，他开始经常泡在网吧里，长期不上课。老师和父母发现后，苦口婆心地劝阻，他根本听不进去，最后上网成瘾，学习成绩直线下降。他母亲说："与他同龄的孩子都一个个上大学了，只有他戒不掉网瘾，花掉了十几万元，父母眼泪都快流干了。"

可怜天下父母心，上网成瘾的孩子连对父母的良心都失去了，人性伦丧，道德滑坡，确实可怕可叹。

四、诱发犯罪，一失足成千古恨

青少年时期世界观正在形成，辨别是非的能力还不强，网上不健康的内容会导致学生道德缺失、行为失范。学生的开支都是父母的血汗钱，经常上网又不好经常向父母要钱，有的就欺骗父母；欺骗不了，就心生邪念，为了弄点钱进网吧，结伙敲诈，偷盗抢劫，最后锒铛入狱。网吧中充斥着各色人等，极易滋生是非，发生打架斗殴事件。

五、安全隐患太多，危险无处不在

许多网吧无证经营，有关部门监管不力，根本不具备安全条件。多数网吧电脑安放过多，线路乱扯；有的网吧达不到消防要求，安全出口太少，还有的网吧未经卫生、文化、公安等部门许可，无安全通道和疏散标志，存在着巨大的安全隐患。

报载2002年6月16日凌晨2时40分许，位于北京海淀区学院路20号院内非法经营的“蓝极速”网吧发生火灾，造成24人死亡，13人受伤。伤亡者大部分是北京高校的大学生。另据报载，2002年9月长沙市一家网吧因电源起火烧死10多人，其中大部分是未成年学生。

我们并不一概反对上网，我们反对的是无节制地上网，包括时间的不节制和内容的不节制。我们并不一概反对玩乐，我们反对无节制地玩乐，不加选择地玩乐。让我们一起从今天做起，为了自己的身心健康，为了自己的健康成长，为了不让父母再痛心，脱离魔爪，远离网吧，戒绝网瘾吧！

寻求心理自救

有些不如意的事摆在那里，如若能改变，当然该向好处努力；如若已成定局，无法挽回，就该宽容自己，接纳自己，承认现实，摆脱心理困境，追求精神胜利。

在激烈的学习竞争环境中，不少同学感到了越来越大的心理压力，有些已经患上了心理疾病，如学校适应不良综合征（有学习的主观愿望，而且十分用功，但由于身心因素或心理不适应的影响造成学校生活的极大困难，如学习成绩差，经常头晕、脑胀、情绪紧张、心慌等）、神经衰弱、神经性厌食、自卑等，面对这些心理困境，我们应该怎样进行心理自救？

一、将期望值降下来，使自己拥有适当的期望

社会心理学认为，期望值越高，心理上的情绪冲突越大。要进行心理自救，就要把期望值降下来。

人出于本能会不断提高自己的人生期望值。这自然是有其积极意义的，它是个人进取和社会进步的一种心理驱动力。每个同学都有对自己的期望，期望自己学习成绩有更大的进步，能考上一个名牌大学；期望有显著的特长，在体育、艺术等方面展示特别的风采；期望奥赛、机器人大赛、自主招生有突出表现等等。但物极必反，一味不切实际地以过高的期望值来对待人生，势必有更多的挫折感。这也许是许多同学每天都在郁闷愁怨的心理困境中消磨时光，享受不到学习的快乐和生活的幸福的心理根源。

一个集体中总是有上、中、下，“凡是有人群的地方都有左中右”，人和人的条件、基础不一样，达到的发展目标也应有所不同。不能要求每位同学都上清华、北大，不是每一个同学都能考上理想的大学。没有群星的烘托，显不出月亮的皎洁；没有绿叶的衬托，显不出花朵的鲜艳。天上只有一个太阳，地上只有一座珠峰。“志当存高远”一向为人称道，但没有平凡何来伟大？群星没有太阳耀眼，同样熠熠生辉；群山没有珠峰高大，同样巍峨屹立。有首歌唱得好：“没有花香，没有树高，我是一个棵无人知道的小草，从不寂寞，从不烦恼，你看我的伙伴遍及天涯海角……”拥有了小草的境界，便告别了心理困境。长不成参天大树，长成一棵具有勃勃生机的小草，也挺好。

二、回避、躲开、不接触导致心理困境的刺激

当人陷入挫折的心理困境时，有一种最简便的自救策略，那便是：主动回避。

在心理困境中，人的大脑中往往形成一个较强的中心，回避了相关的外部刺激，可以使这个兴奋中心让位给其他刺激引起的新的兴奋中心。兴奋中心转移了，也就摆脱了心理困境，正所谓“眼不见，心不烦”。因此，在体验到某一心理困境时，就该主动回避，不在导致心理困境的时空中久久驻足。比如，家里的事使你烦躁不安，就赶快走出家门去学校或去找同学；教室里的事让你郁闷不乐，课间就走出教室到外面转转。

回避不是逃避，不是放弃，是一种迂回战术，是一种曲线救赎。通过主动的回避，实现注意力转移，通过注意力转移带来心情的转换。

三、用一用精神胜利法

阿Q的精神胜利法虽说是国民的一种劣根性，但在某些时候，也是人们摆脱心理困境的一种有效办法。

《伊索寓言》中说一只狐狸吃不到葡萄，就说葡萄是酸的；一只狐狸只能得到柠檬，就说柠檬是甜的。于是都不感到苦恼。心理学便借用这个寓言，把以某种“合理化”的理由来解释事实，变恶性刺激为良性刺激，以求自我安慰的现象，称为“酸葡萄和甜柠檬”心理。的确，在自我安慰时，所谓的理由只不过是“自圆其说”，但确有维护心理平衡、实现心理自救的作用。在挫折的心理困境中，人确实需要一点精神胜利。

全省重点本科的升学率不足20%，考不上重本可以上个普本，考不上普本可以上个专科，什么也考不上也不用痛不欲生，人生的竞争不全是在高考的考场上。

有些不如意的事摆在那里，如若能改变，当然该向好处努力；如若已成定局，无法挽回，就该宽容自己，接纳自己，承认现实，摆脱心理困境，追求精神胜利。这总比垂头丧气、精神痛苦，不知要好上多少倍。

四、来一点自嘲与幽默

人有时候需要自己戏谑一下自己，自己和自己开个玩笑，用自嘲的方式解脱自己。英国前首相威尔森在一次演说进行到一半时，台下有人喊：“狗屎！垃圾！”这分明是指责他演讲得不好。但威尔森这位干练的政治家却微笑着装糊涂：“狗屎？垃圾？公共卫生？各位先生，我马上就谈这个社会问题。”就这样，他不仅没有陷入困境，反倒赢得了一片喝彩。孔子在郑国与弟子们走散了，子贡找人寻问，那人说：“东门外站有一个人，看上去像丧家之犬，那是不是你的老师?”子贡找到孔子后，把这个人的话向孔子作了复述，孔子竟然说：“我确实像丧家之犬呀。”这种自嘲是一种具有自知之明的智慧，既能达到一种放松自己的效果，又能使自己生活洒脱。

同学们也应学会以自嘲和幽默来进行心理自救。比如，一个同学学习上遇到困难找另一个同学帮助，这个同学说：“你怎么这么笨呀，连这么简单的问题都不会?”这个同学回了一句：“我确实笨呀，如果有你这么聪明，我早当老师了。”那个同学听了后，感觉很不好意思。

当人际关系出现僵局时，幽默的行为，幽默的语言，常常能使困境转化为轻松和自然。比如，一个同学被老师当面批评：“你怎么这么不懂事?”老师走出教室，这个同学却这样回应：“我要像你这么懂事，早该成了董事长了!”同学们以笑声结束了这一段插曲。幽默确实能使精神紧张得到放松，能淡化痛苦，化解误会，稀释责难，缓和气氛，释放情绪，减轻焦虑。

五、寻求补偿替代

一个人在生理上或心理上难免有某些缺陷或劣势，因而影响某一目标的实现，导致挫折。人可以采取种种方法补偿这一缺陷或薄弱环节，以减轻或消除心理上的困扰。这在心理学上称为“补偿作用”。

一种补偿作用，是以另一目标来代替原来尝试失败的目标。如著名足指钢琴家刘伟，被电击伤截去了上肢，一度失去了生活的信心。后来他以顽强的毅力学会了用脚生活，用脚指演奏钢琴，成为了世界知名的钢琴家，从而摆脱了身体伤残带来的困境。另一种补偿是凭新的努力，以期某一弱点得到补救，转弱为强，达到原来的目标。著名数学家陈景润，大学毕业后从事中学数学教学，因不善表达，学生和学校都对他的教学有些意见。后来，他注意修正自己的不足，表达劣势得到弥补，成为著名的数学教授。

“失之东隅，收之桑榆”，是对补偿替代法这一自救策略非常贴切的诠释，在学校生活中，我们可以很好地运用这一自救策略。比如，你在文化课学习上有些吃力，但你可能存在其他方面的长处，你可以用其他特长来补偿自己学习上的不足：他学习好，你可以体育好；他体育好，你可以绘画好。由此找到自己的价值，创造自己的成功。

六、化挫折为动力

世界文豪歌德年轻时曾遭受失恋的痛苦，几次企图自杀。但他最终把破灭的感情当素材，从爱情焚毁的灰烬中得到灵感，写出了震惊世界的名著——《少年维特之烦恼》。挫折和困境绝非人们所期求的，因为它给人带来心理上的压抑和焦虑。善于心理自救者，却能把这种压抑和焦虑的情绪升华为一种力量，引向对己、对人、对社会都有利的方向，在获得成功的满足的同时，也清除了心理压抑和焦虑，实现了积极的心理平衡。古时候的文王、仲尼、屈原、韩非、司马迁等，之所以为后世传颂，就在于他们在灾难性的心理困境中拯救了自己，塑造了强者的形象。在人遇到困境时，一味憋气愁闷，或颓废绝望，都无济于事。正确的态度是：化挫折为力量，做生活的强者。

认清虚荣心的危害

做事不追求昙花一现的风光，不追求虚幻的光环，而是用踏踏实实的步子，一步一个脚印地走向成功。

所谓虚荣心，心理学认为，是一种追求虚表的性格缺陷，是自尊心的过分表现，是一种被扭曲了的自尊心，是为了取得荣誉，引起普遍注意而表现出来的一种不正常的心理现象。

我们对虚荣心危害的了解，古代的，见之于《齐人有一妻一妾者》，国外的，见之于《项链》，而中国当代的，见之于我们自己，见之于我们的生活之中。要判断自己是否具有严重的虚荣心，可对照下列标准分析一下：

1. 喜欢观赏自己的照片。

2. 爱好打扮，不惜花费很多金钱美化自己。

3. 穿着打扮以及学习用具讲名牌、讲档次，并喜欢在同学面前炫耀。

4. 隐瞒自己家庭的实际情况，硬撑阔气，出手大方，貌似豪爽。

5. 夸耀家庭优越，喜欢向人介绍自己家庭成员或亲朋中较有地位的人物。

6. 瞧不起某些方面不如自己的同学，不愿意同家庭经济困难的同学来往。

7. 只要有一点成绩，就觉得了不起，一有成绩便大吹大擂，洋洋自得，唯恐他人不知道。

8. 考试作弊、改分数、改名次，成绩不好不找自身的原因，喜欢找客观理由。

9. 有欺上瞒下、沽名钓誉的行为，一切从虚假的荣誉出发，被名声所左右。

10. 看不到自己的不足，即便看到了，也想法掩盖。

11. 喜欢受表扬，好骄傲自满，沾沾自喜于半得半成。

12. 在与同学谈论中，常强词夺理。

13. 喜欢别人称呼他（她）什么头衔，喜欢别人夸赞他某一方面突出的地方。

14. 对批评耿耿于怀，过分爱面子。

15. 夸夸其谈，不懂装懂，经常出洋相。

16. 物质生活上经常与人攀比，过生日等讲排场。

17. 在各种活动中抢风头，不讲礼让、谦让，好做表面文章。

18. 常常嫉妒他人，对他人取得的成绩表示轻蔑。

19. 喜欢追星，是执着的追星族。

20. 讽刺挖苦别人，夸大自己的长处，甚至通过不正当手段满足自己的虚荣心。

虚荣心具有一定的普遍性，是一种常见的心态，因为虚荣心的产生跟自尊心有极大的关系。人人都有自尊心，当自尊心受到损害、受到威胁、或过分强调自尊心时，就可能引发虚荣心。按照发展心理学的理论，随着生理心理发育，青少年的自尊心也获得发展，并明显增强。随着自尊心的发展，虚荣心也逐渐介入了人的情感领域。自尊心强的人，对自己的声誉、威望等比较关心；自尊心弱的人，一般对这些都不在乎。但也不能认为，虚荣心强的人一般自尊心也强。因为自尊心同虚荣心既有联系，更有区别。就拿表扬后的情感体验来说，一个人做了好事，受到表扬，心里高兴，这是有荣誉感的表现；珍视自己的荣誉，顾全自己的面子，这也是一切有自尊心的人都会有的正常心理。但是若对表扬沾沾自喜，甚至为了表扬才去做好事，为了面子不惜弄虚作假，那就不是正确的自尊心了。人是需要荣誉，也应该以拥有荣誉而自豪的。可是真正的荣誉，应该是真实的，而不是虚假的；应该是经过自己的努力获得的，而不是投机取巧骗来的。面对荣誉，应该是谦虚谨慎，不断进取，而不是夸大自傲，忘乎所以。

当人对自尊心缺乏正确的认识时，才会让虚荣心缠身。虚荣心的产生，归根结底是由于对什么是荣誉，怎样获得荣誉，或者说什么叫自尊心缺乏正确的认识。有的同学之所以夸大自己的长处掩盖自己的短处，就在于他们以为这样就可以增强自己的荣誉和威信。殊不知，“草萤有耀终非火，荷露虽团岂是珠”。

虚荣心的危害是巨大的。人一旦拥有虚荣心，就会不择手段地加以满足维护，最终有可能陷入违法乱纪乃至犯罪的深渊。一个严重虚荣的同学，会阻碍自己的道德进步，会衍生出自私、虚伪、欺骗等不良行为。“人贵有自知之明”，骄傲自满、盲目自大是为人处事、安身立命的大敌，对个人而言，虚荣心强的人心理负担过于沉重，需求过多过高，自身条件和现实生活的现状有时不能让他们得到满足。怨天尤人、愤怒压抑等负面情感会随之而生，最终有可能导致情感的畸变和人格的扭曲，对人的心理、生理的正常发育，都会造成极大的危害。

可按以下方法进行心理调控：

1. 树立正确的人生观。对荣誉、名誉、得失、面子要有一种正确的态度，学会自尊、自信、自爱。

2. 正确地认识自己。知道自己的长处和短处，知道自己的优势和劣势，了解自己的性情和爱好。

3. 正确地估价自己。对自己的能力和水平有清醒的认识，摆正自己在集体中的位置。

4. 改正自己的缺点。对自己的缺点进行实事求是的分析，从而不断地克服这些缺点，不能为维护面子固执己见，坚持错误。

5. 寻找学习的榜样。要善于向别人学习，不要盲目与人攀比。

6. 要警惕和克服虚荣心，纠正虚荣行为。做事不追求昙花一现的风光，不追求虚幻的光环，而是用踏踏实实的步子，一步一个脚印地走向成功。

缺陷不是你的错

没有什么样的缺陷值得抱怨，没有谁的幸福值得羡慕，不要总是在意自己的缺陷而仰望别人的幸福。每个人都是幸福的，每个人都可以是完美的。

俗话说：“金无足赤，人无完人。”世上没有十全十美的人，每个人都存在着一定的缺陷。

年轻的时候，我曾苦恼过自己个子太矮，羡慕别人的身材高高大大，并为此写过一首诗，为个子矮叫屈。因为个子矮，不愿在同学中出头露面，养成了内向的性格；因为个子矮，不愿意参加体育活动，没有培养出运动习惯。身体缺陷造成的自卑感压抑着我的青春时代，让我失去了自我，失去了自信。后来我阅读名人的传记，发现许多人个子都不高，但却都成就了一番辉煌的事业，成为了需“让人仰视才见”的巨人、伟人。国外有亚历山大、拿破仑、列宁、斯大林、纳尔逊，国内有孙中山、鲁迅、邓小平。从此，我重拾生活的信心，变得快乐起来，不再与人比身材，而是与人比知识、比能力、比人品、比成绩，慢慢地觉得自己高大了起来。

人的相貌是无法选择的，如果说像相貌丑这类的问题是人的一个缺陷的话，那么怎么弥补这个缺陷？

圣人孔子是通过求学、办学来弥补自己的缺陷的。他出身一般，相貌较丑，凭崇高的睿智和情操，开千秋儒学，成万代师表。曾任美国总统的林肯，长得极丑，个子瘦长，走路姿势难看，双手晃来荡去，街上行人都要掉头对他多看一眼。他是小地方的人，不但出身贫贱，而且身世蒙羞（母亲是私生子），没有人比他更低贱。就是这样一个人，发奋努力，如饥似渴地学习，在烛光、灯光和火光前读书，读得睁不开眼睛，眼球在眼眶里越陷越深。知识已经十分渊博了，还不满足，坚持终生学习。他不求名利地位，不求爱情和婚姻美满，渴望把自己的独特思想、优秀人格里的一切优点奉献出来，造福社会和人类。林肯的一生，充满了缺陷，但他却用自己的奋斗凌驾于一切短处之上，对一切他所缺乏的进行了全面补偿，使自己置身于更高的人生境界，实现了更高的人生目标。

其实，伟人之所以成为伟人，并不是没有缺陷。翻看历史，我们会发现，许多伟人的成长史，都是一部补偿个人缺陷的奋斗史。达尔文、济慈、康德、拜伦、培根、亚里士多德都有严重的个人缺陷，但都通过个人奋斗，弥补了个人缺陷，成为了了不起的人物。苏格拉底、伏尔泰也是因为自惭奇丑，所以在思想上痛下功夫而大放光芒的。

我们每个人都有个人缺陷，有的家庭有缺陷，家境贫困，父母离异。这些根本不是我们的错，用不着苦恼难过。有的长得过胖，有的长得过瘦，有的长得过高，有的长得过矮，有的生过大病，有的自身残疾，有的说话口吃，有的视力低下……有了缺陷怎么办？要像林肯那样，勇敢面对，转弱为强。

唯一的阻碍，来自自我，来自我们是否想改变。只要想改变，我们就不要一味地在乎缺陷，而是要将因缺陷产生的自卑，作为一种敌人来战胜它。那时，你就会发现，原来自己是优秀的，原来自己完全可以通过改变，拥有对美好生活的向往，拥有对人生目标的追求，实现自我，超越自我，赢得人生。

明白了这个道理，同学们就可以抛开因缺陷带来的烦恼，毫不畏惧地与优秀为伍；就不再会让自卑感作祟而使自己处处难堪，而是像成功快乐的人那样，直面生活，勇于进取，实现多彩的梦想，拥有灿烂的人生。

请相信，没有什么样的缺陷值得抱怨，没有谁的幸福值得羡慕，不要总是在意自己的缺陷而仰望别人的幸福。每个人都是幸福的，每个人都可以是完美的。之所以觉得有缺陷，是因为我们还不够努力。自以为有缺陷的同学，或者确实存在缺陷的同学，不要自卑，不要气馁，只要找到弥补缺陷的正确途径，总会有一天，我们也会成为别人羡慕的对象，成为别人眼里完美的人。

克服暴力倾向

我们处于成长的关口，要担负起一个成年人应当担负的自我、家庭、社会责任，努力使自己成为一个遵纪守法的合格公民。

暴力倾向和暴力行为在某些同学身上或多或少地存在着，有这种倾向和行为的同学，遇到问题矛盾，习惯动粗，轻则伤人皮肉，重则致人伤残，酿成大祸。这些同学之所以出现这样的倾向和行为，是因为存在以下心理问题。

一、发泄怒气，寻衅滋事

有的同学动手打人，是因为学习中遇到了失败，很懊恼，想找个同学出出气；有的同学与老师关系紧张或与同学相处不好便心生怨恨，恼羞成怒；还有的同学在家中受到了父母的训斥，回到学校，迁怒于他人；还有的同学在社会上遇到了不顺心的事或不满的事，回到学校，拿同学当出气筒。

二、争强好胜，称王称霸

个别同学把学校当作江湖，充当大王，拉帮结派，在学校中呼风唤雨，兴风作浪，十分猖狂。有的同学崇尚武力，迷信拳头，遇事习惯于凭拳头说话，用武力解决。

三、好出风头，哥们义气

这部分同学认为自己很了不起，自己在某些方面占据优势，为了证明自己的存在，显示自己的实力，表现自己的能耐，吸引别人注意，往往逞强好勇，大打出手。这类同学很讲哥们义气，为友情可以不分是非，为朋友可以两肋插刀。

四、嫉妒别人，报复别人

嫉妒别人学习好，嫉妒别人受到了老师表扬，嫉妒别人有钱，吃得好，穿得好。另一类同学是好报复别人，当与老师、同学有积怨时，就一心寻找机会，实施报复。

五、争风吃醋，争夺异性

处在青春期的同学们，对异性的好感不断增强，自己喜欢的异性如果不喜欢自己，会失落怨恨；如果这位异性被别人喜欢，就心理严重失衡，与人结下情仇，以至于出现情杀、情死的悲惨结局。

六、不知轻重，自卫过当

和别人打架，拿到什么用什么打，甚至提前准备了凶器，根本不计后果；被人欺负了，不寻求正确的解决办法，而是伺机反抗，以暴制暴，失了分寸，造成严重伤害，甚至致人死命。

以上这些暴力现象，并不是校园暴力的全部，只是经常发生的一些暴力问题。如何防控暴力，要注意以下几点。

一、疏导自己的心理，浇灭心头的怒火

当我们遇到生气的事情时，要分析一下生气的原因，找一找更加妥善的解决办法，寻求更好的发泄途径。

二、友好胜于打斗，文斗好于武斗

同学之间没有什么深仇大恨，我们与长辈之间、老师之间的关系也不是敌对关系，有什么矛盾都可通过友好的办法解决，不能相信武力、依靠武力。

三、消除江湖习气，坚持法理原则

作为一名学生，不能沾染社会上的一些不良习气，要认清哥们义气的危害，团结所有的同学。即便是有一部分比较要好的同学，也是正常的，但当这些要好的同学遇到事情让你出头时，一定要讲道理，讲法律，不能因重友情而失掉原则。要把心思用在干正事上，在干正经事上出风头。

四、克服嫉妒心理，灭掉报复欲望

要正确地看人看事，把别人的长处当作学习的目标，而不是当作嫉妒的靶子。要加强个人修养，使自己的胸怀宽广起来。遇到不满和委屈，要多找老师、同学谈谈心，及时把怨恨消除掉。

五、时刻警示，避免犯罪

我们处于成长的关口，要担负起一个成年人应当担负的自我、家庭、社会责任，努力使自己成为一个遵纪守法的合格公民。“一失足成千古恨”，青年时期的一次暴力行为，很有可能酿成终生遗恨，毁掉自己的一生。校园暴力令人痛心，它给人的教训是深刻的。有的同学因为暴力伤人而失去了人身自由，给家庭带来了灭顶之灾，给社会带来了极大危害，同学们一定要引以为戒。

培养一辈子的运动兴趣

体力决定着成功，人的整个生命效率的提升，都有赖于体力的旺盛。要想在你的一生中取得成功，最重要的正是一生有自己坚持的体育活动项目。

人生的第一要事，就是维持自己的健康，保持自己的精力。我们必须从现在开始，懂得身体的重要性，保护好自己的身体。《一生的资本》一书的作者说："健康是别人夺不走的资本，拥有这笔资本，你就能够取得更多的财富，使你终生受用不尽。"一个人要想一生成就大事，必先锻炼好自己的身体，为一生的奋斗提供健康的资本。罗马有句古老的格言："健全的心灵寓于健康的身体。"

罗斯福之所以成功，是因为他注意锻炼身体，他说："我本是体弱多病的孩子，因为能够注意锻炼，身体就日趋健康，精力日渐充沛，所以做每件事，必定能达到预先确定的目的。"同学们就应当增强体育锻炼的意识，从现时学习需要出发，只有拥有健康的身体，保持充沛的精力，才能适应紧张的高中生活，顺利完成学业，实现升学理想；从未来发展需求出发，只有今天拥有了健康的基础，才能为祖国工作40年，更好地成就人生的梦想。

我们现在每周开设两节体育课，每天开设早操和课间操，而且每天集中体育活动的时间达到了一小时以上。除此之外，最好有自己的活动专项，并养成活动习惯，从而养成终生活动的习惯。这就需要培养自己对某项体育活动的浓厚兴趣，掌握该项体育活动的一般知识，学会该项体育活动的技能，一生爱好和坚持这一项体育活动，即培养自己一辈子的运动兴趣，培养自己一辈子的体育专长。

一、人有兴趣才能有动力，有动力才能有专长

一个人的运动兴趣是通过培养才能形成的，而对某一项体育活动的兴趣，需要在长期的积极的培养中才能形成，这一点在老一辈无产阶级革命家身上得到了鲜明印证。毛泽东从年轻时代就立下主宰历史沉浮、救国救民的伟大志向。为实现这一伟大志向，必须“野蛮其身体”“顽强其意志”。他在长沙读书时，经常“到中流击水”，从此培养成了终生的运动爱好，七十多岁时还畅游长江。邓小平酷爱桥牌活动项目，在打牌中锻炼了思维，享受了乐趣；他一生坚持冷水浴，磨炼了意志，拥有了健康的身体，一生中三起三落，从未失去对革命的信心和热情，最后成为了改革开放的总设计师。贺龙元帅是新中国第一任体委主任，爱好打球，为新中国的体育事业奠定了发展基础，为新中国人民的群众性体育活动开辟了道路。我们应当以这些老一辈无产阶级革命家为榜样，年轻时代培养一种自己爱好的运动项目，为实现未来理想做好身体的准备。

二、持之以恒，坚持不懈

每个人都有一定的运动兴趣，如有的同学喜欢乒乓球，有的同学喜欢武术，有的同学擅长跑步，有的同学爱好踢足球，等等。兴趣需要维持，有时兴趣是暂时的，经过长时间的培养，才能稳定下来，成为习惯。所以，必须磨炼自己的意志，长期坚持锻炼下去。不能今天爱好这种项目，明天爱好另一种项目，“三天打鱼，两天晒网”，爱好很多，但没有长项，这样就不能体验了解一个项目的益处，不能起到长久的影响作用。

三、通过专项的体育活动，养成活动的习惯，让这种活动的习惯帮助自己走向成功

在现实生活中，一些有作为、有知识、有天赋的人往往被不良的健康观所羁绊，以至于终身壮志未酬。许多人都有可能过着一种不快乐的生活，在学业上，在事业上，他们只能拿出一小部分的真实力量，而大部分力量却因为身体不佳而无从发挥。

天下最大的失望莫过于理想不能实现。有些人实现理想有强大的精神力量，但却没有充分的体力做后盾。许多人之所以不能实现自己的理想，很多是因为整年埋头学习和工作，没有体育爱好，没有养成运动习惯，没有一项体育活动让他欲罢不能，天天坚持，并以此保持他身心的强壮。身体与精神是密切相关的，正如《品格与个人》一书中所说：“拥有健康不能拥有一切，但失去健康却会失去一切。”体力决定着成功，人的整个生命效率的提升，都有赖于体力的旺盛。要想在你的一生中取得成功，最重要的正是一生有自己坚持的体育活动项目。

◎思维水平制约发展水平

无数事实证明，伟大的创造，天才的发现，都是从突破思维定式开始的；但如果在自己的思维定式里打转，即使是天才也走不出死胡同。

思维决定出路

无数事实证明，伟大的创造，天才的发现，都是从突破思维定式开始的；但如果在自己的思维定式里打转，即使是天才也走不出死胡同。

为什么有的同学学习好，有的同学学习差？其实，学习的成功在于善于思考，思维活跃。比尔·盖茨说："最大的财富不是堆积如山的金钱，而是聪明的大脑。"法国著名文学家保尔·瓦莱里说："人类最大的不幸是他没有像眼睑制动器那样的器官，使他能在需要时遮住或阻遏一种思想或所有的思想。"事实上，学习的竞争，本质上都是大脑的竞争。在高考竞争仍然相当激烈的当下，如果我们不发挥大脑的力量，不开动脑筋，激活思维，掌握较好的学习方法，是不可能取得学习的进步的。"思路决定出路"，学习也是这样。下面给同学们介绍几种思维方法，供同学们参考。

一、平面思维，会转弯就会有出路

创造性思维之父德·波诺提出了一个"换地方打井"的说法，用来形容他提出的平面思维法。他的解释是，"平面"是针对"纵向"而言的，纵向思维主要依托逻辑，只是沿着一条固定的思路走下去；而平面思维则偏向多思路地进行思考。德·波诺打比方说：在一个地方打井，一直打不出水来，具有纵向思维方式的人，只会嫌打得不够努力，而增加努力程度；而具有平面思维方式的人，则会考虑可能是打井的地方不对，这里可能根本就没有水，换个地方或许就能打出水来。纵向思维使人放弃其他可能性，大大局限了创造力；而平面思维则不断探索其他可能性，所以更有创造力。也就是说，换个思路，也许不能解决的问题可能迎刃而解。我们做事情时也是这样，一种办法不行，马上换一个思路，思路不能停留在一处。世上没有不转弯的路，不转换自己的思路，不改变自己的思维，不改变思维的方向，就有可能找不到正确的道路。

当年的克里斯多夫·李维以主演《超人》而蜚声国际影坛，却不幸坠马造成高位截瘫。为此，他轻生过，懊恼过，找不到生活的出路，认为已经走到了人生的尽头。一天，他乘车穿行在蜿蜒曲折的盘山公路上，无意中发现每当车子即将行驶到无路可走时，路边都会显现一块交通指示牌，写着“前方转弯!”“注意!急转弯”。而转弯后，峰回路转，豁然开朗。他顿有所悟，原来不是路已到了尽头，而是需要转弯了，于是他冲着妻子大喊道：“我要回去，我还有路要走。”从那时起，他当起了导演，执导的影片荣获金球奖；他当起了作家，第一部书《依然是我》一问世，就进入了畅销书的排行榜。

俗话说：“穷则变，变则通。”没有什么东西是一成不变、静止不前的，我们的思维也应当“心随路转”，从而“心路常宽”。

二、逆向思维，出奇制胜

逆向思维也叫求异思维，它是对司空见惯的似乎已成定论的事物或观点反过来思考的一种思维方式。

逆向思维的优势极其突出，在常规思维中难以解决的问题，通过逆向思维就能迎刃而解。逆向思维会使你独辟蹊径，在别人没有注意到的地方有所发现，从而出奇制胜。

有一家电台请来了一位商业奇才做嘉宾主持，很多人都想听听他成功的经验，他却淡淡一笑，说："我还是出道题考考你们吧！某处发现了金矿，人们一窝蜂地涌了过去，然而一条河挡住了他们的去路。这时，如果是你，你将怎么办?"有人说绕道走，也有人说游过去……嘉宾只笑而不语，过了很久他才说："为什么非要去淘金呢？何不买船从事运送淘金者的营生?"众人愕然。是啊，那种情形下，即便你将那些淘金者宰得身无分文，他们也心甘情愿，因为，过去就是金矿。

的确，倒过来看问题，有时会别有洞天。1968 年 10 月 20 日，在海拔 2240 米的墨西哥奥林匹克运动场上上演了惊人的一幕：21 岁的美国跳高选手迪克·福斯贝里在比赛中以 2.24 米的成绩摘得了金牌。让人们感到惊奇的不是他赖以夺冠的成绩，而是他过杆的方式。在此之前，跳高运动员都是面对横杆起跳，腾空过杆时面朝下、背朝上。而迪克·福斯贝里却是面朝上、背朝下越过横杆。

人类的身体重心在肚脐下方 2.5 厘米处，也就是丹田部位。以俯卧式过杆时，身体的重心将移向横杆下方的四肢，即重心下移。而以背越式过杆时，腿和腰向后倾，使重心大大上移，在弹跳力相同的情况下，能跳得更高。1992 年，“迪克 · 福斯贝里跳”在奥林匹克名人馆赢得了一席之地。这可以视为奥委会对迪克 · 福斯贝里思维转换创新所给予的最高褒奖。

三、突破思维定式，走出失败之地

著名的心算家阿伯特 · 卡米洛从来没有失算过。但有一天，他在做表演时，有人上台给他出了道题：“一辆载着 283 名旅客的火车驶进车站，有 87 人下车，65 人上车；下一站又下去 49 人，上来 112 人；再下一站又下去 37 人，上来 96 人；再再下一站又下去 74 人，上来 69 人；再再再下一站又下去 17 人，上来 23 人……”那人刚说完，心算大师便不屑地答道：“小儿科！告诉你，火车上一共还有…… ”“不，”那人打断了他的话说，“我是请您算出列车一共停了多少站。”阿伯特 · 卡米洛呆住了，这位天才的心算家思考的只是数字复杂的加减，但这组简单的加法却成了他的“滑铁卢”。

真正“滑铁卢”的失败者拿破仑也有一个鲜为人知的故事。拿破仑被流放到圣赫勒拿岛后，他的一位善于谋略的密友通过秘密方式给他捎来一副用象牙和软玉制成的国际象棋。拿破仑爱不释手，从此一个人默默地下起了象棋，打发着寂寞痛苦的时光。象棋被摸光滑了，他的生命也走到了尽头。拿破仑死后，这副象棋被多次转手拍卖。后来一个拥有者偶然发现，有一枚棋子的底部居然可以打开，里面塞有一张如何逃出圣赫勒拿岛的详细计划！这位天才的军事家认为，象棋只是用来消遣的，却没有想到

象棋里暗藏玄机。很多时候，我们的失败，其实都是败在思维定式上。无数事实证明，伟大的创造，天才的发现，都是从突破思维定式开始的；但如果在自己的思维定式里打转，即使是天才也走不出死胡同。

四、创造性思维，在加加减减中创意

汽车去掉顶棚就会变成跑车，普通自行车轱辘换上粗花纹的轮胎，就成了山地车。而仅山地车这一创意，就曾将一度濒死的自行车市场救活。从前，自行车是交通工具，随着汽车的普及，自行车也由代步工具，逐渐转换为休闲运动器材。

我们常用的腊粉笔是蜡笔和彩色粉笔合而为一的热销产品。20 世纪后半叶，改变世界时尚潮流的迷你裙和乞丐牛仔裤，也是如此加加减减的产物。迷你裙是用剪刀将花裙剪短而成，看似被撕裂、磨破、弄污的牛仔裤，则因为与年轻人的逆反心理一拍即合，而成为全球化的商品。

由此可见，有时创造发明并不是什么复杂艰难的事，只要具有创造性思维，具有一定的创造能力，在加加减减中就能创造非凡的业绩。

思维决定生活

我并不是每件事做得都比别人好，别人总是有许多值得我学习的地方，要用责备别人的心责备自己，用正视自己的眼正视别人。

思维决定心境，心境影响人生。一个人生活得幸福不幸福，不取决于财富多少，学识能力高低，学习和工作理想不理想，生活顺利不顺利，而是取决于拥有什么样的思维方式。一个没有阳光思维的人，即使拥有再多的财富也不知足，即使拥有再好的生活也不快乐。因此，希望同学们要学会调整心态，学会阳光思维。

一、赏识思维

星云大师在《厚道》一书中说："以鼓励代替责备，以赞美代替呵斥，这不但是教育上最好的方法，这也是做人处事最妙的高招。"的确，人毕竟都是希望受到鼓励和赞美的，特别是成长中的同学们，更需要相互间的加油打气。俗话说："寸有所长，尺有所短。"每位同学身上都有闪光点，都有精彩的地方，正所谓"三人行，必有我师"。要用放大镜观察同学的优点，"取人所长，补己之短"；要用赏识的眼光看待同学，不能凡事"鸡蛋里

挑骨头”“磨房里找驴蹄”。林肯说：“人人都喜欢受人称赞。”詹姆斯也有句类似的话：“人类天性的本质就是渴望受人重视。”从人性出发，学会赏识赞美，学会尊重别人，这是一个人成熟的重要标志，是一个人品质美好的标志。当然，我们提倡赏识赞美，并不是不能批评、责备，正确的批评、适当的责备还是有存在价值的。

二、正面思维

凡事多从好处想，凡人多从正面看。同学们正处在学校与社会的接口处，以后面对的生活会更加复杂，如果心理阴暗，习惯于讽刺挖苦别人，习惯于从反面看待社会，将会把自己引入一条成长的黑暗通道，看不见光明，看不到希望。

过去有两对婆媳，其中一对，儿媳妇不孝顺，但婆婆逢人便夸儿媳妇，夸得儿媳妇不好意思不孝顺了，时间长了，夸出了一个孝顺的儿媳妇；另一对，儿媳妇很孝顺，但从来得不到婆婆的半句好话，儿媳妇觉得委屈，认为孝顺不孝顺一个样，反正得不到好，干脆不孝顺了。人总是这样，越夸越自觉，越夸越进步。同学们一定要记住：我并不是每件事做得都比别人好，别人总是有许多值得我学习的地方，要用责备别人的心责备自己，用正视自己的眼正视别人。

三、换位思维

老一辈无产阶级革命家陈云曾经倡导过一种工作方法叫角色转换、换位思考。即遇到事可以变换一下角度考虑问题，设身处地为别人着想。我们的习惯思维中总有一些消极的思维，要通过变换思维方式从消极中寻求积极意义，让我们生活得更快乐、更轻松。

有这样一个故事：一位老太太生有两个女儿，大女儿卖扇子，小女儿卖雨伞。每当下雨天，老太太因为大女儿的扇子不好卖，而伤心难过；天晴了，老太太也不高兴，因为她想到小女儿的雨伞不好卖了。就这样，老太太无论下雨或晴天，没有高兴的日子。后来一位智者告诉她，你完全可以这样考虑问题：下雨了，我小女儿的伞好卖了，我为小女儿高兴；天晴了，我大女儿的扇子好卖了，我为大女儿高兴。这样，无论是雨天还是晴天，老太太都同样高兴。

老太太的生活状态没有变化，只是感受生活的角度变了，就产生了截然相反的两种心情。可见，生活当中的快乐到处存在，就看你怎么去看待，如何去感受。所以，思维方式很重要，同学们如果用变换的思维去应对生活，就会发现生活原本如此美好，人生原来如此美妙。

选择，影响着人生走向

要把选择权控制在自己手中，勇于选择，正确选择，坚持自己的计划，肯定自己的选择。

奥格·曼狄诺在《最伟大的力量》一书中说："在我们有限的生命中，上苍赋予了我们许多的宝贵礼物，'选择的能力'就是其中的一项。"我们的高中生活中存在着许许多多的选择，这些选择需要我们去思考，去决断，去实践；会不会选择，决定着我们的成长走向，影响着现在和未来。

选择存在于我们的日常学习中，日常生活中处处存在着选择。课堂上我们面临着选择，要不要预习，做不做学案，记不记笔记，做哪些训练题等等都要认真思考，积极选择；自习课上需要选择，时间怎么分配，自主学习哪些学科，做哪些作业和练习，机动时间怎么安排，需要有取舍，有考虑；艺术欣赏有选择，信息技术的分层学习有选择……下面，就选择的几个大方面提出一些建议，供同学们参考。

一、文理分科的选择

因为高考需要文理分科进行选拔考试，所以我们在高二年级时一般要进行文理分科编班学习，这是同学们应对高考面临的第一个重要选择。

文理分科选择的第一个依据是学习基础，要选择基础扎实、在各类学科比较中具有一定优势的科类。语数英是公共学科，可以不做重点考虑，重点考虑的学科是理化生与政史地。如果理化生占优势，则学理好一些；如果政史地占优势，选择文科好一些。

第二，考虑一下自己的兴趣爱好。有兴趣的学科，因为喜欢学，成绩会提高快；没有兴趣的学科，被动地学，成绩会受影响。要权衡一下自己对文理两大类学科的喜好程度，结合自己的爱好进行选择。

第三，考虑一下自己的学科特长和思维特点。有的同学观察能力、动手能力强，擅长抽象思维，学理科会发展好一些；有的同学记忆力强，阅读能力强，擅长形象思维，学习文科会更加顺利一些。

第四，考虑一下自己的人生规划，一生想干什么，从事什么职业，在哪个领域中发展。

第五，考虑一下社会的需要，社会的发展，以及高校招生文理比例等。

总之，选理选文没有对错之分，没有好坏之分，一定不能跟风。

二、课程选择

现在我们学习的课程共有三大类，一类是国家课程，一类是地方课程，还有一类是校本课程。

国家课程中有一部分是必修课程，另一部分是选修课程。选修课程要根据学业水平考试需要、高考需要、竞赛需要、高校自主招生考试需要，选择与学习。地方课程和校本课程要根据自己人生成长和学业发展需求，选择适合自己的进行学习，“只有适合的，才是最好的”。

课程改革是国家实施素质教育的重大举措，其中一个重要方向就是设立可供学生选择的适应学生需求的课程，所以学会选择课程是每位同学面临的重要问题。

三、社团选择

社团活动是培养兴趣爱好、培养特长专项、锻炼能力、丰富知识的重要渠道。我校要求，每位同学至少参加一个社团的活动。如何选择社团活动？一要分析自己的爱好特长，选择喜欢的；二要分析自己的知识、能力需求，选择需要的；三要结合自己的人生规划和以后的就业方向，选择为未来发展奠基的。

四、文体选择

文体活动是学校的重要活动，通过文体活动，每位同学应培养适合自己的至少一项、一生坚持的运动项目和文艺兴趣，所以在参加文体活动中注意有所选择、有所侧重。

五、学习层次选择

我校的教学根据同学们的基础不同，实施分类教育和分层教学，同学们要根据自己的知识、能力基础，选择适合自己的层次。层次选得过高，跟不上进度，适应不了难度，压力太大，容易掉队落伍；层次选得太低，学习太轻松，也不利于更好更快地进步。

六、高考志愿选择

高考志愿的选择应当注意的问题很多，这里只是提醒同学们用发展的眼光看待热门专业与冷门专业，因为冷热是相对的，是变化的，不要有从众心理，要坚持自己的观点，选择自己一生喜欢的专业。

学校是多元的，同学们的发展是多元的，大家的选择也应当是多元的。要把选择权控制在自己手中，勇于选择，正确选择，坚持自己的计划，肯定自己的选择。一旦选择之后，要立即行动，绝不犹豫，不再后悔，坚持到底，为实现自己的选择做出不懈的努力。

懂得交换

交换物质财富，交换思想感情，交换想法做法，交换经验教训，只有交换了，我们才能得到；只有交换了，我们才能富有；只有交换了，我们才能更好地成长。

现在独生子女越来越多，在一个家庭中兄弟姐妹越来越少，有些同学养成唯我独尊、一切以我为中心的坏毛病，不知道体谅别人，不愿意帮助别人，只想让别人为自己付出，而不想为他人做点事情。人与人之间的关系虽说错综复杂，但其实也很简单，就是看你是否懂得交换。

交换多种多样。经济学家茅于轼举了一个例子：我有一百根香蕉，你有一百个苹果，我们都想吃对方的东西，于是想到了交换。两人达成协议，彼此交换一下，这样就等于每个人都有了香蕉和苹果。我随时可以吃到苹果，你也可以随时吃到香蕉。如果此时，拥有苹果的人认为，自己的一个苹果的价值远远大于一根香蕉，财富交换就中止了。因为吝惜自己的苹果，而错失了香蕉，到底值不值？

有一本书，名叫《美国大萧条》，作者是奥地利经济学派的代表人物默里·罗斯巴德。他认为，每个人有不同的技能和性格，每块土地有各自的特点和资源，交换就从自然界的外部多样性而来。堪萨斯州的人用小麦换取明尼苏达州的铁矿，某人提供医药服务来换取另一个人的小提琴演奏……如果不能交换，多数人要自给自足，多数人想必只有饿死的份儿。

我们提倡的交换不仅仅限于物质上的交换，还包括思想、精神上的交换。我们可以和老师交换思想，把自己的想法说给老师听，也听一听老师的看法，这样不仅沟通了思想，而且得到了指点，升华了思想。我们可以和同学交换看法，可以在小组合作学习中交换学习成果、学习心得，甚至于交换学习困难和问题。这样你有一个想法，他也有一个想法，交换后都有了两个想法。

因此，交换应当成为我们的一种思维方式。应当通过交换，获取更大的进步。你付出帮助，收获的是感激；你付出理解，收获的是体谅；你付出善意，收获的是美意；你付出想法，收获的是建议；你付出苦恼，收获的是排解；你付出快乐，收获的是幸福；你付出的是痛苦，收获的是共同担当……

我们懂得了这些交换的道理后，要学着交换，交换物质财富，交换思想感情，交换想法做法，交换经验教训，只有交换了，我们才能得到；只有交换了，我们才能富有；只有交换了，我们才能更好地成长。

激活创新潜能

中学生的创造力仍然是潜在的能力，只有注意培养和激发，创造精神才能树立起来，创造力才能发展起来。

人类对创造力的认识经历了一个漫长的过程，关于创造力，迄今为止没有一个统一精确的说法。有人关注创造者本身的特点，有人强调创造过程，有人着眼于创造结果。心理学家加德纳和理查德将创造力分为“特殊领域创造力”和“日常生活创造力”。“特殊领域创造力”是指影响人类文明和文化的创造，是十分罕见的突破，只能见诸爱因斯坦、毕加索等杰出人物身上。而“日常生活创造力”是所有人能在日常生活中表现出来的。教育家陶行知十分重视对学生创造力的教育培养，他认为“人人都是创造之人，时时都是创造之时，处处都是创造之地”。

事实上，创造力是人人具有的，无时无处不在的，并非是头脑聪明的同学的专利，只不过表现形式因人而异。中学生的创造力仍然是潜在的能力，只有注意培养和激发，创造精神才能树立起来，创造力才能发展起来。

中学生创造性的特点表现在：在解决各类问题过程中，逐步追求新颖、独特且有意义的倾向，不满足于一种思路和方式，思维多元变化，异常活跃；敢于质疑，善于提问，在制作、实验、作文、解题过程中有创意有创造，但灵感仅仅处于萌芽状态；独创性在迅速地发展，但还不成熟。因此，在中学阶段，首先要注意培养自己的好奇心和求知欲，培养创新精神和创造激情，形成创新意志和创新品格。其次，要提高创新思维能力，锻炼自己思维的逻辑性、深刻性、发散性、经济性、流畅性和新颖性。另外，还要养成动手习惯，增强实践意识，不断提高自己的实践能力和创新技能。

中学阶段是学生探索内心世界、自我发现的主要时期。这一时期的探索不一定与日后从事的学术创造性工作有直接联系，但却是创新素质形成的决定性阶段，没有这一时期的创新素质的奠基就不可能成长为一个创新型人才。1996 年，联合国教科文组织公开了题为《教育——财富蕴藏其中》的报告，指出“教育新概念，应该使每一个人都能发现、发挥和加强自己的创造潜力”。

上海市教育科学研究院普通教育研究所教育研究主任沈之菲先生指出：“中小学创新素养培养的主要目标应放在创新心理素质上，这是让他们日后创新意识和能力得以产生和发展的基础，这个基础就是好奇心、求知欲、认识的独立性、自由思考、怀疑态度等。”同学们要注意培养自己的好奇心和求知欲，学会观察，善于观察，热爱学习，主动学习，激发自己对知识的浓厚兴趣和对学习的追求渴望。要习惯于独立思考问题，独立解决问题，敢于质疑，习惯于挑战权威，成为一个有独立思维意识、有批判进取精神的人。

弄斧到班门

作为一名当代中学生，正充满着青春的活力，有无穷的创造力和发展前途，什么都可以想，什么都可以做，万事皆有可能。为了学到更多的知识，使自己掌握的技能上一个新的台阶，我主张还是应该多与高手过招，弄斧到班门，跟关公比试刀法。

有个成语叫“班门弄斧”，“班”是指鲁班，我国古代的巧匠。在鲁班门前舞弄斧头，比喻在行家面前卖弄本领。有一个俗语说“关公面前耍大刀”，其中的“关公”是三国时的蜀国大将。陈寿的《三国志》说，关羽称万人之敌，为世虎臣。罗贯中的《三国演义》写他手执青龙偃月刀，取上将人头如探囊取物，是舞刀的高手。这两个词语的表述虽然不同，但含义一致，都含有讽刺挑战者，告诫人们不要在行家面前卖弄本领，否则会贻笑大方的意思。

作为一名当代中学生，正充满着青春的活力，有无穷的创造力和发展前途，什么都可以想，什么都可以做，万事皆有可能。为了学到更多的知识，使自己掌握的技能上一个新的台阶，我主张还是应该多与高手过招，弄斧到班门，跟关公比试刀法。

首先需要过人的胆量，鲁班和关公都是顶尖高手，一般人很难有机会和他们碰面。鲁班还好说，跟他比试，顶多就是木头不如他砍得多，砍得好，缺少艺术性，技巧差一点；关公则不同，跟他比试刀法，那可要十分地小心，他曾斩颜良，诛文丑，过五关斩六将，水淹七军，一不留神就会命丧黄泉。

其次，要想跟这两个人比试，自己也要有点真本事，对于木匠活和刀法有较高的造诣，否则，棒槌一个，一窍不通，人家会懒地逗你玩儿。

第三，要有一颗诚挚的心，抱着跟人学习的态度，不怕权威的鄙视，不畏舆论的攻击，不怕失败，一切是为了提高自己，锻炼自己，使自己迈向更高的层次。

为了获得真理，历史上还真有不少敢于弄斧到班门的人。

地球是宇宙的中心，且静止不动，日、月、行星和恒星均围绕地球运动，这是希腊科学家托勒密创立的宇宙模式。在哥白尼提出日心说之前，这个观点已经流行了一千五百多年，可谓根深蒂固。可哥白尼经仔细观测，发现行星运行规律与托勒密的宇宙模式不吻合，勇敢地提出了日心说。他的日心说震惊了科学界，由于害怕教会的惩罚，哥白尼在世时不敢公开他的发现。1543年，这一发现才公诸天下。即使在那个时候，哥白尼的发现还不断受到教会、大学等机构与天文学家的蔑视和嘲笑。终于，在六十年后，约翰尼斯·开普勒和伽利略·伽利雷证明了哥白尼是正确的。

“质量不等的铁球从同一高度下落，大者先着地。”这是古希

腊哲学家亚里士多德的论断，对于这个百科全书式的权威人物的这一论断，几乎没人敢质疑。1590 年，伽利略在比萨斜塔上做了“两个铁球同时落地”的著名实验，从此推翻了亚里士多德“物体下落速度和质量成比例”的学说，纠正了这个持续了一千九百年之久的错误结论。今天，史蒂芬·霍金这样评价伽利略：“自然科学的诞生要归功于伽利略，他这方面的功劳大概无人能及。”

袁隆平敢于挑战米丘林、李森科的“无性杂交”学说——“无性杂交可以改良品种，创造新品种”，历经十年艰辛坎坷，在世界上首次育成三系杂交水稻。他育种的杂交水稻，产量由亩产300 公斤上升到 900 公斤以上。他也被誉为“杂交水稻之父”。他解决了世界五分之一人口的温饱问题，为中国和世界解决吃饭问题做出了巨大的贡献。多年后，人们问起他为什么敢于突破重重禁区，发表第一篇学术论文——《水稻的雄性不孕性》的原因时，袁隆平深有感触地说：“在研究杂交水稻的实践中，我深深地体会到，作为一名科技工作者，要尊重权威但不迷信权威，要多读书但不能迷信书本，也不能害怕冷嘲热讽，害怕标新立异。如果老是迷信这个迷信那个，害怕这个害怕那个，那永远也创不了新，永远只能跟在别人后面。科技创新既需要仁者的胸怀、智者的头脑，更需要勇者的胆识、志者的坚韧。我们就是要敢想敢做敢坚持，相信自己能够依靠科技的力量和自己的本事自主创新，做科技创新的领跑人，这样才会取得成功。”

是的，我们要尊重权威，但绝不能迷信权威。唐代文学家韩愈在《师说》中写道：“弟子不必不如师，师不必贤于弟子。”

古希腊哲学家亚里士多德有一句振聋发聩的话："吾爱吾师，吾更爱真理。"对真理的追求，是我们挑战权威的动力。

但是，挑战权威，毕竟有个限度，不能无根据地怀疑一切，如果超过了这个度，就会走向真理的反面。"文化大革命"中的"怀疑一切，打倒一切"，使我们陷入了知识越多越反动的怪圈，学术专家成为反动学术权威，被关进牛棚，打倒在地，永世不得翻身，给我们国家造成了难以挽回的损失！

如今，我国实行科教兴国的战略，重视知识，重视人才，为我们青年人的发展提供了前所未有的机遇。每一个有志青年，都应该解放思想，勇于创新。作为一名中学生，也应该不甘落后，敢于向学习成绩优秀的学生发起挑战，通过挑战，认识到自己的不足，找出和同学之间的差距，从失败中汲取经验和教训，争取早日超过竞争对手。

多一份理性思考

在学习课本知识的同时，要积极地思考，用理性思考质疑概念和结论，突破前人的束缚，发现和提出新的问题。

一、提出问题，发现问题

善于理性思考的同学，一定是一个不迷信老师、不迷信课本的人。学习知识，要敢于质疑，敢于否定现成的结论，不能完全依靠老师，不能盲目相信书本。勇于提出问题是一种可贵的探索求知精神，也是理性思考的前提。理性思考的机制是：由于知识的继承性，在每个人的头脑里都容易形成一个比较固定的概念世界，而当某些经验与这一概念世界发生冲突时，惊奇就开始产生，问题也开始出现。而人们摆脱惊奇和消除疑问的愿望，便构成了思考的最初冲动，因此，提出问题，发现问题，是理性思考的第一步。

所以，在学习课本知识的同时，要积极地思考，用理性思考质疑概念和结论，突破前人的束缚，发现和提出新的问题。

18 世纪化学界流行“燃素学”。这种认为物体能燃烧是由于物体内含有燃素的错误学说，严重束缚了人们的思想，许多科学家都去积极寻找燃素，没有一个人对此表示怀疑。瑞典化学家舍勒也是热衷于寻找燃素的人，他从硝酸盐、碳酸盐的实验中，得到了一种气体，实际上就是氧气。但他却认为自己找到了燃素，命名为“火气”，并解释为火与热是火气与燃素结合的产物。舍勒如果不受燃素的影响，当时就得到了氧气的发现权。英国人普利斯特在实验中也得到了氧气，可是也因为笃信燃素学说，而把氧气说成“脱燃素的空气”，得到了和舍勒同样的命运。

后来，普利斯特把加热氧化汞取得“脱燃素的空气”的实验告诉了拉瓦锡。拉瓦锡却未从众，他不受燃素说的束缚，大胆地提出怀疑，经过分析，终于取得了氧气的发现权，使化学理论进入了一个新的时期。

千百年来，许许多多人为创新而向历史发出了理性思考的挑战，他们敢于质疑的精神影响着后来者的思维发展。美国心理学家詹姆斯说，天才乃是能以“非习惯性的方式”去理解事物的人，这种人所具有的思维通常称为批判性思维。批判，就是一种“不满足”，不满足于对已有认识、科学、文明的欣赏和享用，而是能重新审视，重新评判，指出其缺点、弊端。批判就是一种超越。

在信息爆炸的今天，最需要批判思维能力。网络信息真假难辨，你必须学会筛选，学会鉴别，必须有所批判，有所否定。这就需要锻炼自己的批判思维能力。邓小平曾经说过：“一个党，一个国家，一个民族，如果一切从本本出发，思想僵化，迷信盛行，那它就不能前进，它的生机就停止了，就要亡党亡国。”个人也是如此，如果只知死记硬背，迷信书本，思维呆滞，就不可

能成为一个具有创新精神的人。

怎样进行批判思维训练呢？爱因斯坦曾经教给学生一个训练方法：每天花一点时间专门从权威书籍中找疑问，找出疑问，动动自己的脑子进行批驳。每天批一个观点，天天如此，批判性思维能力以及独立、自主、怀疑、不盲从、不附和的批判精神就训练出来了。

在美国的学校里，如果有一名学生在课堂上对老师的见解提出质疑，老师非但不会感到这有损于“师道尊严”，反而会让全班同学起立为这名学生鼓掌。在我们的学校中，我们也是积极倡导质疑精神的，老师们也是喜欢那些能提出问题、敢于怀疑现成答案的同学的。同学们要大胆质疑，敢于说“不”，努力使自己成为一个有独到眼光、独立思维的人，成为一个不随大流、不人云亦云的人。

二、分析问题，解决问题

当我们发现问题后，要对问题进行细致的分析，力求找到解决问题的办法。

在分析问题时，要注意发现尽可能多的线索，寻找到具体的信息资料。你不要被一开始就找到的问题答案所诱惑，而漏掉了别的办法。你应该强迫自己去寻找所有有关的信息资料，直到你觉得自己已仔细并准确地分析了这种问题之后，再做出判断。

在分析问题中，你可以这样思考：在什么地方能找到解决这个问题的信息资料，有谁能帮助解答这个问题，在解答这个问题的过程中已经做了哪些工作，这些资料对我有帮助吗，现在已经有了哪些能帮助解答这个问题的有关资料。

一旦你分析了问题之后，就应该开始寻找解决问题的办法。同样，你也要避免在那些看起来似乎很好的答案面前停滞不前。

在这一步骤中，除了那些一眼就看出的似乎有道理的解决办法之外，你还要寻找其他的办法，尤其在采纳现成的方案时要特别留心。

问题解决需要时间和过程，需要具有解决问题的能力。爱迪生对问题找不出答案时，总是躺下来小憩片刻。达尔文写《物种起源》时，对思考几个月也想不出答案的问题，总会有一个直觉突然闪进脑际。他说："我还记得，当我坐着马车在路上走时，突然有一个令人兴奋的问题的解答自动跑来找我。"罗素说："我发现，如果我要写比较艰深的题目，最好的方法是努力地加以构想，力所能及地用几个小时或几天来构想，最后再命令自己不去想它，但它在暗地里自行滋长，几个月后，当我再想这个题目时，却发现文章的内容却已经全部完成了。以前我没发现这个办法，老是因为没有进展而连续忧愁几个月。忧愁并不解决问题，那几个月的忧愁就等于白费。"我们遇到问题解决不了时，可以借鉴以上这些办法，更重要的是自己学会总结和寻找解决问题的办法，培养自己解决问题的能力。

懂一点幸福哲学

你选择什么样的生活态度，生活就会以什么样的态度对待你；你拥有什么样的心态，就会有什么样的人生。

幸福的人，是因为与幸福同在；不幸福的人，是因为没选择幸福。

活得幸福是人类孜孜以求的目标，每个人都希望自己幸福。但与同学们交流起来，却发现有很多同学感觉到不幸福。生长在一个贫困的家庭，感到不幸福；父母工作不好，没有显要的社会地位，感受不到父母所创造的幸福；学习压力太大，又要会考，还要高考，太累太苦，根本谈不上幸福；成绩不如同学好，一次次考试进步不大，很苦恼，很痛苦；和某位老师的关系处理不好，感觉老师歧视自己，对老师有看法，不愿上这位老师的课，一上课就心烦……这些不幸福的感受和体验如影随形，不离左右。究其原因，是心态问题，是看事物的角度问题，是思维问题。所以，有必要和同学们交流一下对幸福的看法，那就是懂一点幸福的哲学。

一、幸福是一种选择

我们的生活中处处存在选择，你选择什么样的生活态度，生活就会以什么样的态度对待你；你拥有什么样的心态，就会有什么样的人生。拿学习这件事来说，作为一名中学生，学习是我们的主要任务，这个任务必须完成，否则，通过不了会考，不能顺利毕业；通过不了高考，不能升入理想大学。如何对待学习？一是痛苦地学，一是快乐地学。选择痛苦地学，你的心里就填满了苦涩；选择快乐地学，你的心里就会溢满幸福。因为选择快乐，不快乐的事做起来也感觉快乐了起来；选择痛苦，即便是快乐的事，也不会快乐。有人说，幸福就是一种感受，一种心态，就是一种选择的哲学。下面这则故事证明了这个道理：

杰里是个充满幸福感的青年，有人认为生活不幸福，他总是这样劝解说："每天早上，我一醒来就对自己说，杰里，你今天有两种选择，你可以选择心情愉快，也可以选择心情不好。我选择心情愉快。每次有坏事情发生，我可以选择成为一个受害者，也可以选择从中学些东西。我选择后者。"

有一天，他被持枪歹徒所伤。当他躺在地上时，他对自己说，现在有两个选择，一是死，一是活。他选择了活。当医生们把他看作一个"死人"，失去了抢救信心的时候，他用尽平生力气告诉医生："请把我当活人来医，而不是死人！"就这样他活了下来。成为残疾人的杰里，在以后的生活中又面临着两种选择——幸福地生活，或悲伤地生活，他选择了前者。当有位大学生见到了他，问他生活得怎么样时，他说："我幸福无比。想不想看看我的伤疤？"那位大学生看了他的伤疤后，似乎明白了一点幸福哲学的道理。

幸福的人，是因为与幸福同在；不幸福的人，是因为没选择幸福。

二、不计较失去，只在乎拥有

人生总是有得有失，有喜有悲，要辩证地看待生活，保持一种平和的心态。佛家讲“舍得”，有舍才有得；道家讲“祸兮福所倚，福兮祸所伏”，要力求做到“猝然临之而不惊，无故加之而不怒”。

谢坤山是台湾著名的油画家，世界著名的口足画家。他从小因家境贫困而辍学打工，16 岁那年，在工地上误触高压电被当场电成炭人。没有了双手、双眼，在外人看来完全就是一个废人。但他不但学会了洗脸、刷牙、刮胡子、穿衣、吃饭这些对他来说异常艰难的事，而且用嘴咬起画笔，学习绘画。很多采访他的人总会问他为什么这么幸福，谢坤山只有一句话：“我从来不去想我失去了什么，而是只去想我还拥有什么。”

而我们之中的很多人对待生活的态度恰恰与之相反，拥有的不珍惜，一旦失去了悔之不及；总是对失去的耿耿于怀，念念不忘，而对拥有的视而不见，弃之如敝屣。失去了痛苦，拥有了也不快乐，何谈幸福?

三、不知不忧，不知是福

“知者有过”是生活中常有的现象。比如，有的同学喜好打听别人的隐私，甚至有传谣造谣的缺点，就属于“知者有过”。有时候，“不知”反而是一种幸福。有人说你的坏话，没听到不生气，一旦听到可能会生气；一种伤感的情景，不在现场，也就过去了，如果让你看到，也许会引发伤感；一个不幸的消息，一个悲惨的场面，都不如不听不看好一些。这些痛苦缘于见闻觉知，觉知会把悲伤的讯息带入心中，让人伤心难过。人世间某些事情，在你不知道的时候，便没有所谓的痛苦。所以，奉劝同学们，有些话不该听的不要听，有些事不该看的不要看。要把“不知”当成一种“幸福的哲学”，以此避免我们生活中的烦恼。

我们的同学中有父母离异的，你知道了这种情况，权当不知道，不要在同学中到处传播；家中亲人生大病了，只要不影响治疗，需要隐瞒的时候，要帮着隐瞒；同学之间的生活琐事不要随便打听，同学家中的不幸不要到处乱说，“非礼勿视，非礼勿听”。如果听到了一些不该听的话，要像没听到一样；知道了一些不该知道的事情，要像没发生一样；看到了一些不该看到的事情，也要像没看到一样。

四、知足常乐

幸福的反面是痛苦。痛苦何来呢？德国哲学家叔本华曾说：“人是受欲望支配的，当欲望没有满足的时候，你是痛苦的。”人生来就有各种欲望，并且这种欲望永无止境，所谓欲壑难填。正如古人描述的那样：

终日奔波只为饥，方才一饱便思衣。
衣食两般皆俱足，又思娇容美貌妻。
娶得美妻生下子，恨无田地少根基。
买到田园多广阔，出入无船少马骑。
槽头扣了骡和马，叹无官职被人欺。

当了县丞嫌官小，又要朝中挂紫衣。
做了皇帝求仙术，更想长生不老死。
若要世人心里足，除非南柯一梦兮！

人的欲望既然这样无穷无尽，就必须从学生时代起修身养性，控制欲望，自我满足。

首先要节制过度的欲望，如节制贪玩的欲望，节制玩手机的欲望，节制上网玩游戏、聊天的欲望，节制吸烟、喝酒的欲望。老子认为，美丽的色彩会让人眼花缭乱，嘈杂的音乐会让人耳朵失聪，过多的佳肴会让人胃口败坏，过度的游猎会让人心情狂荡，过分追求奇珍异宝会让操行失控。所以，必须节制过度的欲望，才能赢有幸福，保持幸福。

其次，要知足。比如说，你生活在一个富裕的家庭，家庭给你提供了丰厚的物质条件，但你不能挥霍无度，挥金如土，毕竟你父母的钱不是泥土块，不是大风吹来的，不是天上掉下来的；你生活在一个贫困的家庭，虽然物质条件不如别人，但毕竟父母都尽力了，他们爱你，省吃俭用抚养你，比起那些有钱人家的父母，你的父母更不容易，受的累更多，吃的苦更多，你更要体谅父母，疼爱父母，不能让父母为你多操心。

老子曰："知足不辱，知止不殆，可以长久。"老子又曰："罪莫大于可欲，祸莫大于不知足，咎莫大于欲得。故知足之足，常足矣！"幸福的真谛在于知足，只有知足才能幸福。否则，欲望强烈，贪婪成性，而自身能力又有限，只能产生伤感。若如此，还算好的，如果不择手段地满足个人的欲望，就会出现悲惨的下场。有位女同学，虽然成绩好，但虚荣心太强，觉得别人有手机，自己也要有手机，家里没有钱买，就去偷，被发现后，受到了严厉处分，辍学回家了。本来一个能考上一所好大学的学生，因为一次欲望的满足，断送了自己一生的前途，实在可惜。历史上和现实中，有许多人为了满足私欲，唯利是图，见钱眼开，贪污受贿，最终害了自己，害了家人，害了社会。仅 2013 年一年，全国上到高官，下到一般干部，被处理法办的有上万人之多。我们虽然是在校学生，但总有一天我们会从校园走入社会，我们中的许多同学会成为国家公务员、干部、各行各业的领军人物，如果我们不能从小养成少私寡欲、知止知足的品性，将来有一天也难免会犯错误。

幸福的哲学很有学问。在追求幸福的路上，我们思考一点幸福的哲学，对生活对人生都会有很大的助益。

◎修好考试这门课

四个高考制胜的公式

学科平衡＋劳逸结合＝正确策略

严谨善思＋专注执着＝优良习惯

自信淡定＋心平气和＝最佳心态

勤奋刻苦＋学习得法＝科学路径

在当下的中国，大部分人一生的前十几年几乎是在干一件事，几乎是在为一件事而拼搏，那就是为了一场高考。尽管素质教育已深入各个学校，但就普通高中的学生而言，高考回避不了，应当面对，应当积极应对。特别是对高三学生而言，高考迫在眉睫，这让我想起了《战国策 ·秦策五》中那句预测未来的话："行百里者半九十。"高三这一年，就是最后的十里地。

人生的路的确漫长，但就像一位作家说的那样，人生的路尽管漫长，但关键处只有那么几小步。高考，就是学业目标追求中的关键的那一步，是我们必须经历的人生关卡，是我们每个人通往理想殿堂的必经之路。走得好，走得稳，就会为未来发展奠定良好的基础，就会为今后的奋斗赢得一片更广阔的天地；走得不认真，走得不踏实，可能会失掉许多宝贵的机会。

那么，我们应当如何面对和战胜备考中的一切障碍和困难，通过不懈的追求和卓绝的奋斗为成长为人生留下一道动人的风景线？我提出四个公式，希望能对你们有所帮助。

1. 学科平衡 + 劳逸结合 = 正确策略

2. 严谨善思 + 专注执着 = 优良习惯

3. 自信淡定 + 心平气和 = 最佳心态

4. 勤奋刻苦 + 学习得法 = 科学路径

第一个公式说的是备考策略，这个策略的第一个内容是各门学科要均衡发展，不能有太差的学科。高考靠总分取胜，如果有一门学科太差，会拖了总分的后腿，所以，首要的任务是纠偏补弱，让弱科变强。这个策略的第二个内容是说学习应当有张有弛，要将刻苦学习与休息调节结合起来，努力提高学习效率，只有效率高，才会有好成绩。

第二个公式说的是良好的学习习惯，有四个要点。一是严谨，主要指做题规范、答卷规范；二是善于思考，多动脑，勤于分析、探讨，总结规律、方法；三是精力集中，专心致志；四是坚持到底，不怕困难，不退缩，不放弃。

第三个公式说的是心态，主要指考试的心态，要以平常心对待高考，用良好的心态备战高考和应对高考。

第四个公式说的是学习路径，学习路径就是“苦干 + 巧干”，既刻苦学习，又讲究方法和效率。

这四个公式的内涵相当丰富。希望同学们对照自己，认真解读。

当然，学无定法，学亦有法，只有适合的才是最好的，只有适应的才是有效的，愿你能根据自己的特点找到适合自己的，适应备考的好方法。

备考复习的一般原则

复习方法的核心问题是学、练、思结合的问题，最基本的要求是善学、精练、勤思。

怎样复习效果好呢？历年来的实践证明，只有遵循正确的复习原则，明确复习方向，理清复习思路，不走弯路，不做无用功，才会取得高效益、好成绩。

一、应遵循以“两纲”为指导、以教材为主干的复习原则

两纲指《教学大纲》和“考纲”（《考试说明》）。《教学大纲》规定的是高考命题范围，《考试说明》是高考命题的基本依据，教材是高考命题的依托。学好两纲，是通往高考成功之路的捷径，学习得越深越透，复习的针对性、实效性就会越大。高考试题来源于教材，而又高于教材，也就是理在“本”（课本）内，而题在本外。所以要改变忽视教材复习的偏颇做法，做到从认知角度掌握教材，从理解角度分析教材，从运用角度升华教材，将大纲、考纲、教材三者结合在一起加以学习，探讨高考的规律和特点，把握好高考方向。

二、坚持学习（主要指老师讲授）、练习、思考有机统一

复习方法的核心问题是学、练、思结合的问题，最基本的要求是善学、精练、勤思。学要学重点、学思路、学规律、学方法，练要练要点、重点，练准确、练速度、练规范。而无论是学习还是练习，都应始终伴随着活跃的思维活动，听讲时多种器官并用（眼看、耳听、口说、手记、脑思），力争全方位收获；练习中勤于思考、善于思考。

三、处理好知识与能力的关系，遵循知识性与能力性相结合的原则

知识与能力是密不可分的、相辅相成的，知识是能力的载体，能力是知识的深化。扎实的知识是提高能力的前提，所以首先应复习好基础知识，重点是掌握学科的主体内容（中学重点内容和与大学学习密切相关的内容）；然后把着力点放在能力提高上。高考侧重考查以思维能力为中心的学科能力，应以此作为复习的主旨。

四、复习应讲求针对性和侧重性

针对性即体现考试要求，符合自己的学习实际。侧重性即分清主次、有轻有重，不能泛泛复习、平均用力。针对和侧重的方面通常是自己知识上的薄弱点、复习中的重点与难点，以及高考的考点与热点。

五、应遵循系统性原则和延伸性原则

复习中应努力将知识点穿成线，将知识线展成面，形成知识网络，完善知识结构，构建学科知识体系。然后在这种系统性的基础上，扩展知识联系，加强综合分析，进一步将知识加深拓宽，进入由此及彼、举一反三的境界。

六、将再现性与提高性结合起来，坚持在巩固中升华的原则

采取稳扎稳打、步步为营的战术，将有必要强化的知识，反复练习，夯实砸牢，但不是简单的知识再现。在巩固的过程中再次梳理知识、综合知识、迁移知识，实现由量的积累到质的转变，达到升华知识、提高能力的目的。

七、遵循知识层次性与补充性的原则

高考复习要循序渐进、难易适当，既要快节奏、高效益，又要顾及自己的接受力、适应力，掌握好复习的“度”，由浅入深，由易到难，这就是层次性原则。补充性原则是指对复习中的缺漏及时弥补，勤矫正，勤补救。

以上是高考复习中的主要原则，这些原则基本上能适应各种类型的应考复习。深入领会和正确遵循这些原则，必定会使复习进展顺利，成效显著。

通过考试学会学习

考试是一门技术，有一般的规律和方法，只有通过考试，不断总结考试经验，才能找到正确的考试方法和技巧。

素质教育并不否定考试，不排除考试，我们反对的是那种频繁的考试，给师生排名次的考试。考试作为一种极其重要的教学诊断手段，是教学中必不可少的。不仅如此，考试还是一种重要的学习途径，同学们必须通过考试学会学习。

一、通过考试学会复习

德国哲学家狄慈根说："复习是学习之母。"考试之前，一定要拿出专门的时间复习。复习有三个作用。

1. 加深理解和记忆

在课堂上学过的知识，不是一次就能全部牢固掌握的，必须经过多次复习、练习，才能融会贯通，深刻记忆，否则会逐渐遗忘，所获不多。

2. 有助于接受新知识

知识接受是由浅入深、由易到难、前后连贯的，只有弄懂前面的知识才能接受后面的知识。

3. 形成能力

重复则熟，熟能生巧，巧则变能，这样就可以使自己成为有知识有能力的人。我国现代著名作家茅盾说过，读书起码要读三遍，第一遍最好很快把它读完，第二遍要慢慢读，细细地咀嚼，第三遍就要细细地一段一段地读。学习知识同读书一样，反复学，逐步学，“学而时习之”，正如我国南宋哲学家、教育家朱熹所言：“读书之法，在于循序渐进，熟读而精思。”

二、通过考试学会考试

考试同打仗一样，只有正确认识考试，久经沙场，不怕考试，才能百战不殆，战无不胜。考试是为了诊断你哪些知识掌握了，还存在什么弱点、弱项，并不是为了排名次。所以要愉快地接受考试，积极地应对考试。考试是一门技术，有一般的规律和方法，只有通过考试，不断总结考试经验，才能找到正确的考试方法和技巧。例如，拿到试卷之后怎么做？正确的做法是迅速浏览全卷，了解试卷的整体结构和长度，估量难易程度，分配答题时间。答题时按什么顺序答？试卷的设计一般是小题在前，大题在后；易题在前，难题在后。答题的顺序也要像试卷设计一样，“由小到大，先易后难，会而对，对而全，全而不丢分”。当然，小题并不一定是易题，那么，遇到难题怎么办？有经验的同学说，遇到难题应放一放，像老虎跳涧一样跳过去，千万不要在一两个难题上纠缠，等到把会做的全部做完了之后，再集中精力攻克难题。这叫作“难的先放放，放过还要做，不会也要攻，分分必须争”。

三、通过考试学会诊断

1. 诊断各科是否均衡发展，策略是“重在补差，其次培优，扬长补短”。一定不能有缺陷太大的课程，尽量提高偏弱的学科。道理是较弱的学科提高空间大，自我潜力大。还要诊断清楚每门学科中的易错点、薄弱点，针对考试中出现的问题纠偏补弱，查漏补缺，这是考试后的重要任务之一。补差补弱只是一个问题的一个方面，另一个方面是培优。就各门课程而言，在相对均衡前提下，再有 1 ~ 2 门突出的学科就再好不过了。道理是自己喜欢的学科提高快，容易拔高。

2. 诊断自己的非智力因素。考试是对一个同学综合素质的考查，如果智商高、学得好，但情商低、不会考，也得不了高分。所以，每次考试之后，要注意分析诸如粗心大意、审题不清、过度紧张等非智力因素方面丢分的情况，培养自己良好的考试心态和考试技巧。

四、通过考试学会改错

考试的一个重大功能是暴露错误，为改错提供依据。考试也是学习的一种重要手段，其目的在于通过这种方式，及时发现学习中的盲点、错点，尽快给予补救。从这个意义上讲，低分未必是坏事，因为你发现了更多知识上的漏洞、能力上的缺陷，现在发现总比在高考考场上发现好得多。相反，如果一场考试下来，你科科都是高分，那么，你这次考试意义也就不大了。基于此，许多优秀同学的做法是建立错题本，记录错题，错题重演，写改正错题心得。

北大学生张瑞新曾介绍过自己的经验："我的错题本有很大的作用，帮我克服了考试只看分数的毛病。有了错题本，每次考试做错了，认真分析一遍，举一反三，争取不犯第二次错误。有时成绩差，我也写上几句激励自己的话，作为改错感言，使自己一直保持旺盛的斗志。"

总之，学习的过程看似头绪纷繁，庞杂而琐碎，归根结底是一个改错的过程。实践证明，三年高中学习中，该遇上的题型都已见过，至于在高考中发挥如何，很大程度上取决于你是否在学习过程中把不会的东西做会了，是否把犯过的错误改正了。

他山之石，可以攻玉

将知识分类、归纳、整理，建立起类的知识结构，是优秀学生必备的素质。

我曾经阅读过许多介绍学习方法的图书，读来读去有一个基本的看法：学生写的，给学生看的，才是学生最需要的。下面是几个高考状元的经验之谈，从中我们可以获得许多有关学习应考的启示。

课堂上要跟着老师走，老师的专业强，讲解精，放过了吃大亏。现在课堂上自主学习的时间多了，老师的点拨、答疑显得更加珍贵。每一科的老师都会把重点、难点反复细致地在课堂上进行讲解，要通过听和听时的思考，获得应有的收获。无论课堂怎么改革，课堂上都是提高自己的最好机会，即使是已经明白的问题，也要听听老师的解法，跟上老师的思路。要相信老师，力争上好每一节课，千万不能在课堂上我行我素，自以为是。要想收获大，必须动口动手，多思多议。

——2000 年高考广西理科状元董丽娟

启示：课堂效率是赢得时间的第一关键，每堂课都至关重要，都要认真对待；课堂上的表现决定着收获的多少，要五官并用，全方位收获。

细节决定成败。因为考后很多人都可能发现，很多错误都出

在细节上，而且对于这些细节老师往往在课堂上讲过，但被我们忽视了，课堂上没有注意记录那些质疑的细节和质疑的东西。特别是化学与生物这两科，知识点多，知识细密，更要关注细节，认真梳理教材和笔记，不漏掉任何一个小知识点。

——2011 年高考天津理科状元宋博锴

启示：学习的规律一般是从大处着眼，从小处入手，这样才能胸怀全局，不眼高手低，而对于细节要特别重视，做到细节上不丢分。

一是要做好宏观分析，面对多项任务要有大局观，通过分析它们的联系，找到通性通法，进而提高效率；二是建立系统，如果宏观分析是找要素间的通性，那么，建立系统就是找它们间的不同。

——2012 年辽宁沈阳东北育才学校李海石

启示：将知识分类、归纳、整理，建立起类的知识结构，是优秀学生必备的素质，在构造知识体系时，既要异中析同，也要同中析异。

高考复习尽管不能搞题海战术，但做数量充足的题是必要的，必须通过一定数量的题目来清晰思路，提升能力。平日练习时一要注意限定时间，任务驱动，适度紧张；二是要提高速度，一定要以考试时的速度做练习题，这样既训练了速度，又使错误像在考试中那样暴露出来；三是不能只是一味地做题，要跟上分析、归纳和总结，力求举一反三；四是学会文理交叉，克服做题时的厌倦心理。

——清华在校生李明明

启示：练即是考，以练代考；平日练习像考试；练、思结合。

复习备考应做到六个适应

高考命题观念和思路的变化，决定了复习备考的关键是培养学科能力和跨学科综合、渗透能力。复习备考时，应在夯实基础知识的前提下，着力提升对知识的理解、运用、分析与综合的能力。

一、知识适应

现行高考命题，依据教学大纲和《考试说明》，体现新课程标准和改革方向。因此，在复习备考过程中，要改变忽视课本复习的做法，做到回归课本，紧扣课本；要立足基础知识，形成知识网络，完善知识结构，在掌握学科主体内容的基础上，注重知识之间的内在联系，注重学科之间的知识综合和知识渗透。

二、能力适应

近几年高考命题，注意转变以知识为本的观念，突出能力立意，加强了对创新意识和实践能力的考查。高考命题在素质教育的导向下，在考查学科能力的同时，注意了跨学科能力的综合，更加注重考查继续学习的潜能。高考命题观念和思路的变化，决定了复习备考的关键是培养学科能力和跨学科综合、渗透能力。复习备考时，应在夯实基础知识的前提下，着力提升对知识的理

解、运用、分析与综合的能力。

三、心理适应

中国科学院心理研究所教授、中国管理科学研究院社会心理学研究所所长王极盛，曾对2000年考入北大的51个第一名进行了调查研究，结果认为：考前心态和考场心态已成为考生能否正常发挥自己能力的最重要因素。考试实践反复证明，谁能在考场上保持“最佳心理状态”，谁的学业水平就能得到充分展示，谁的学业能力就能得到充分发挥。最佳心理状态的特征是不过分松弛，又不高度紧张，心理学上称之为“大脑皮层兴奋性适中度”。这种心理状态，需要在平时学习中养成，也需要在考试过程中调适。

四、方法适应

方法比知识更重要。掌握了有效的学习方法，才能在复习中提高效率，获得效益。基本的复习方法是“四多”，即多学、多练、多思、多悟。

五、技巧适应

高超的考试技术和灵活的考试技巧对取得理想的考试成绩具有十分重要的作用。如何审题、析题，答题卡如何涂得又快又好，如何对待考题的难易，做题由易到难还是按题号顺序逐一做下去，如何提高答题速度，怎样保持答题规范，遇到难题怎么办，遇到不会做的题怎么处理，做完全卷后怎样审查等等，这些问题都需在复习应考过程中借助平日考试，做好分析、研究和总结。

六、身体适应

高考是综合性测试，不仅考知识、能力，而且考思想、心理、情感态度、身体。没有健康的体魄、充沛的精力，是不会在高考中取得好成绩的。近几年炒得很热的“高考经济”出现了一些偏差，专家认为“高考营养”“高考居住环境”等作用并不像宣传的那样神秘，最重要的还是在应考复习中注意一张一弛、劳逸结合，加强体育锻炼，预防疾病，保持饮食卫生，做到睡眠充足。

学科平衡是高考成功的关键

学习最重要的是了解自己，知道自己在学习上的强项、弱项，分清强弱，根据强弱分配时间。总的方针是发展自己的优势，转化自己的弱势，使强的更强，弱的变强。

高考靠总分取胜，总分决定于各科总体水平平衡，这是被无数高考考生证明了的事实。

木桶原理告诉我们，木桶装水的多少，取决于木桶的短板，而不是长板。根据木桶原理，我们应对高考，就要首先认清自己的弱科是什么，弱科及其他课程中的弱项、弱点有哪些，然后，想方设法纠偏补弱，因为弱科、弱项、弱点是总分的潜力所在。因此，各门课程不能平均用力，要突出矛盾，善抓牛鼻子。一般而言，高考备考有三类任务：紧急且十分重要的，如考试中发现的问题、易错点、模糊点、弱项和弱点，老师当天布置的训练题，每天的总结与反思等；紧急但不重要的，如大量做模拟题，阅读各类材料，一般性的作业等；重要但不紧急的，如英语阅读训练，语文诗歌背诵等。要在有限的时间内先做紧急且重要的事，在正确的时间内做正确的事，不能不分主次，不分轻重缓急，“胡子眉毛一把抓”，“到哪山砍哪柴”。

提高成绩最关键最重要的事情，是针对薄弱学科、薄弱环节制订相应的复习计划，如每日定时三十分钟做一套选择题，再用四十分钟分析这套题的知识点和易错点，归纳总结。对各科中的薄弱环节，都应当规划出一段时间，争取做典型题，然后用归纳总结的方法进行针对性训练。这在临近高考时显得十分必要，十分重要，十分有效。

清华在校生蒋宁曾经介绍过自己的学习方法，他认为解决弱科的办法是建立总结本和错题本，用以记录平常总结的知识点、基本方法、模型分析、答题技巧、易错点、失分分析等。他举例说："我原来数学弱，后来，对数学的六道大题分类记录自己做过的题型，然后归纳出普遍类方法和特殊类方法，并且反复应用和记忆，用这个方法总结该科的大块知识点，渐渐掌握了高考出题的思路以及答题的规律，所以，无论做什么卷子，都得心应手，高考时本来是弱科的数学得了 147 分。"

毕业于山东淄博一中考入北大的王媛媛同学，曾打过一个比方，她说："我们每个学科中都可能有知识的缺漏，好比一个渔网，没有一张网是没有洞的，关键是看你注意到漏洞了没有，看你的网织得够不够密，这才是高考中取胜的重要一招。"

另一个方面，纠偏和补弱并不意味着要削弱强科，如果因为补弱而造成强科变弱，那就得不偿失了。正确的策略应当是：既补短又扬长。学习最重要的是了解自己，知道自己在学习上的强项、弱项，分清强弱，根据强弱分配时间。总的方针是发展自己的优势，转化自己的弱势，使强的更强，弱的变强。所以，每位同学都要分析清楚自己各科的学习状况，针对自己的特殊情况，有目的、有针对性地安排学习任务和分配学习时间，做到善于补弱，优势明显。

每遇大事有静气

有一个好的心态，即心平气和的“静”的心态，学习效率才会高，临场发挥才会好，高考才能梦想成真。

诸葛亮在《诫子书》中说：“夫君子之行，静以修身，俭以养德。非淡泊无以明志，非宁静无以致远，夫学须静也。”“静”，指心平气和，指自信镇定。高考备考的秘诀如果概括为一个字，不是拼，不是争，不是巧，不是干，而是“静”。

高考是一种系统性、综合性的考量，挑战的不仅仅是你的知识和能力，还挑战你的情商、你的心态。有人说青春没有失败，其实，在高考面前，心态决定成败。有一个好的心态，即心平气和的“静”的心态，学习效率才会高，临场发挥才会好，高考才能梦想成真。

一、心平气和的备考心态

我们在备考的阶段中，可能会遇到许多不如意的事：许多难题不会做，基础太差突破不了某些学科，考试失利，努力学习成绩没有提高，有沮丧，有失败，有失落，有苦恼，老师不看好，家长很着急，同学瞧不起。家庭也可能遇到一些麻烦事，身体有时也不适应，“屋漏偏逢连阴雨”，几乎所有的倒霉事一起赶来了。怎么办？先让心态平稳下来，静下心来想一想。高考尽管年年在扩招，但并不是人人能上理想大学，考上好大学的毕竟是少数，做不成少数就做多数吧。俗话说“条条大道通罗马”，我们不能在一棵树上吊死。高考竞争激烈，在这场赛跑中，只有一部分人跑在前头，只有个别人遥遥领先。退一步，不要紧，只要你一直在努力。为梦想而奋斗，一切经历，包括退步的经历，包括失败的经历，都是未来人生的宝贵财富。所以，不必计较一时一事的成败得失，要把目光放远，相信暂时的失败都不过是走向成功的铺路石。有失败，才能更好地成功，“失败是成功之母”。清华学生范孟辰，毕业于陕西西安高新一中，高二参加清华暑期夏令营选拔，考试失利。之后的自主招生再战考场，结果又一次以失败而告终。她很伤心，很无助，开始怀疑自己的水平和能力。但是，最终她平静下来，以坚定的意志和对自己的鼓励战胜了怀疑和不安。她知道，只要不断努力，就可以获得成功，自己只剩下裸分竞争这一条路了，机会还有，自己能行。她告诫自己，对清华的目标仍然要守住，让清华知道，自己并不比那些奥赛加分、自主招生加分的学生差，我有能力上清华；但不能像以前那么看待问题了，中国的名校有很多，不一定非要上清华，上不了清华影响不了一生。这样一想，她心态摆正了，压力减轻了，斗志昂扬，轻装上阵，最后凭裸分梦圆清华。

北大学生王欣彤曾经在网上介绍过自己高考前的情况。她高三第一次模拟考得一塌糊涂，573 分，一开始她把这个成绩当作自己皮肤上的伤疤，使自己时时触目，但越这样越后怕，越是这

样越焦虑，一度失去了信心。后来班主任鼓励她，家长安慰她，她重新调整了心态，平稳了情绪。她告诉自己，真心想成长的鸟儿，需要经历独自破壳的辛苦；真心想成长的人儿，需要经历战胜自我的苦战，但凡想成功的人，需要的就是自己战胜自己。她坚信“天助自助者”，不给自己找绝路，要给自己留后路；不给自己找烦恼，要给自己找理由。

的确，一次两次的失败，并不是真正意义上的失败，不是灾难，不是耻辱，而是一种自警，一种挑战，一种反败为胜的机会。失败的体验会使我们更加优秀地成长，会使我们的内心更加坚定，正所谓“眼界高处无碍物，心泉清处流清波”，只有把眼光放得长远，而不仅仅是盯住眼前的考试成绩和名次，我们才会拼到最后，赢在高考。

俗话说：“山外有山，楼外有楼，人外有人。”诚然，作为普通人，我们每个人不一定都会出众，每次考试不一定都会考得很好，但我们始终要有一个制胜法宝，那就是沉着。保持好心态，相信自己会更优秀，这是最要紧的。

当然，广义上的好心态，绝不是一天到晚傻乐呵；保持淡定心态，从容应对考试，也不是安于现状，停滞于一种过低的学习追求上。而是有高远的理想，有较高的追求境界，主要是不为眼前的失败而懊恼，不会被挫折所吓倒。失败与挫折是常有的，但是暂时的，应当以一颗豁达的心去接受它，以一颗平静的心去包容它，以一颗从容的心去面对它，以一颗安定的心去挑战它。王维有诗云：“行到水穷处，坐看云起时。”这句话告诉我们，不要担心无路可走，不要害怕电闪雷鸣，以一个好心态面对，总有柳暗花明、云消雨霁的那一刻。

二、沉静从容的临场心态

说到考试，每个人都紧张，遇到难题都焦躁，不会做都慌张。那么，怎么办？

平时像高考，高考像平时。在模拟考试中如果遇到难题，你可以对自己说，保持镇静，我好好再看一遍题，回忆一下它的基本解法。如果你通过这种积极的心理暗示解决了问题，那么你就为高考时遇到同样的问题储备了宝贵的经验，遇到同样的情况就不会再害怕。还可以这样暗示：我难，人亦难，我不畏艰难；我易，人亦易，我绝不大意。“一切抛天外，唯有我存在”，“只要做对会做的，就是成功；只要攻克一点难做的，就是胜利”。平时像高考，才能高考像平时。当你经历了成百上千次考试后，你还会害怕考试吗？所以，要想高考发挥好，关键是看你平时做了哪些准备。踏踏实实对待备考的每一天，那么，你在上考场时就会收获一颗平常心，得到意想不到的出色表现。请同学们牢记：平日从严，高考坦然；练习似高考，高考变练习。

三、怎样保持好心态

1. 心怀谦卑，相信自我，为自己加油，为自己默念：

我是一名普通学生，我今天的进步包含着父母的期望，凝聚着老师的心血，我不能消极、退缩，但也不能好高骛远、盲目乐观。

我经过自己的努力，已经圆满完成了学业，已经为高考做好了充足的准备，在高考时我一定能行，一定能成功。

2. 耐住寂寞，顽强拼搏，不屈不挠，积极暗示

告诉自己要坚持，告诫自己要努力；遇到难题要镇定，不计较一时之得失；放下包袱，轻装上阵；认清自我，不要给自己一个硬性的目标，尽力即可；从心里领会：不是努力就一定成功，但是不努力就一定不会成功。坚持努力，但不苛求；坚持到底，不弃不离。

3. 考场内想办法放松

进入考场前，和同学握握手；进入考场后，给监考老师一个微笑；坐在考场中，回忆一下复习生活中的开心瞬间；遇到困难时，提醒自己千万不要慌乱；答卷时专注于自己，认真对待高考的全过程。

总之，一种好心态，坚持一时很容易，坚持长久却很难。要历练自己，“不经磨炼不成勇者”，只有这样，在真正的考场上才能“秉庄敬自得之精神，持操之在我之气概”。

对三个轮次复习的建议

复习了就要会，会了就要对，对了还要快、准、熟，力求做到巧和美。

高中课程学习结束后，为应对高考，要安排专门的时间集中复习。复习一般安排一轮、二轮、三轮三个轮次，安排一模、二模、三模三次模拟训练与考试。为提高复习效益，争取高考理想成绩，很有必要对三个轮次复习的任务、要求等作一说明，并提出一些建议供同学们参考。

一、三个轮次的复习任务

一轮复习的主要任务是梳理基础知识、培养基本能力。要立足课本，夯实基础，构建学科知识体系，形成完整的知识结构，并着眼于能力培养，通过知识迁移，培养初步的学科思维和学科能力。

二轮复习的主要任务是专题复习、专题训练。通过专题复习，形成专题知识网络，强化专题知识之间的联系和整合，提高研究问题、分析问题和解决问题的能力。

三轮复习的主要任务是回扣知识、回扣课本、模拟训练、仿真高考。

二、三个轮次的复习要求

一轮复习：两到三全。

“两到”指扩到边，深到底；“三全”指覆盖全部的知识点、全部的能力点、全部的高考要点。

一轮复习就是要全面掌握基本知识、基本技能，不遗漏任何一个知识点、能力点，系统、全面地复习所有的高考要点。

二轮复习：练、动、悟、补。

“练”，练能力、练规范。一方面通过训练，积累答题经验，寻找答题技巧，掌握答题思路，练规律，练方法，内化为解题能力；另一方面严格解题程序，强化答题规范，向细节要分数，向步骤要分数，向规范要分数。培养卷面整洁、步骤完整、要点齐全的答题习惯，逐步改掉字迹潦草、卷面混乱、步骤不全、丢三落四、顾此失彼的缺点。练还要强化四点，即重点知识重复练，高考热点突出练，薄弱环节突击练，解题规范严格练。

“动”，一是要多动手，多动手做题，在做中思，在做中悟，在做中归纳提升，一定不能犯眼高手低的毛病。俗话说“看着容易，做着难”，凡训练题目，不亲手做一做，就培养不出做题感觉，就不会达到训练的效果。二是多动脑，凡事多问个为什么，多想想题目背景和材料，多思考一下解答思路和步骤，多联系一下题目所涉及的知识和题型，在动脑过程中探讨规律和方法。三是多动口，动口说，动口问，动口议。

“悟”，针对每一节课、每一次检测、每一次考试，写出答题反思，总结经验，查找不足，加强对问题的感悟与整改。要一节一小结、一天一回顾，时时反思，天天感悟。特别应注意加强对易错点、易混点的省察体悟，建立使用好错题本，针对训练问题加强补偿性训练。

“补”，一是补知识缺漏，对照《考试说明》，查找未掌握的知识点，通过每次考试的查失分活动，将知识缺漏弥补起来。二是补能力缺陷，做到解题熟练、准确、简捷、迅速，提高思维过程、思维方式的科学性和解题过程的规范性。

三轮复习：两扣一模。

“两扣”，即扣课本，扣考纲，以本为本，以纲为纲。课本知识是高考知识的载体，离开了课本知识，忽视了课本知识，高考不可能获得好成绩。尽管我们使用的教材版本不同，但所有教材都是依据《教学大纲》和《课程标准》编写的，这个依据也是高考命题的重要依据。所以，三轮复习时要重新回归课本，进一步理解课本，运用好课本。《考试说明》是高考命题的主要依据，每位同学都要认真学习解读《考试说明》，了解高考的动向。

“一模”，指仿真模拟。要重视高考前的仿真模拟考试，把模拟考试作为重要的拉练机会，在模拟考试中完善知识结构，强化学科能力。俗话说：“临阵磨枪，不快也光。”要把握住高考前模拟训练的机会，用过硬的本领将自己武装起来，从而顺利地通过高考。

三、三个轮次复习中注意的几个问题

1. 不要超纲，不做偏题、难题、怪题。高考试题以中低档题目为主，所以，不要钻难题、偏题、怪题。

2. 杜绝题海战术，有的放失地做习题，避免浪费精力和时间。

3. 不就题论题，要学会一题多解，多进行变式训练，努力做到会一题则会一类，举一反三，触类旁通。

4. 不吃夹生饭，一步一个脚印地完成三个轮次的进程。复习了就要会，会了就要对，对了还要快、准、熟，力求做到巧和美。

5. 训练时要小题、专题、综合题相结合，应特别重视综合练习，即理科综合与文科综合的练习，通过练，找差别，找共性，找联系，找综合卷的答卷规律。

6. 解决“袖手学习”“悠闲复习”“低头听课”“机械记忆”“只做不悟”“重复做题”“喜欢易题，遇难放弃”“错题重错”等问题。

跨越人生第一道关口

考前一定把高考当回事，考时千万不能把高考太当回事。

勇气有多大，胜利就有多大。

在中国现行高考制度下，高考是中国绝大多数高中生必须要走的路，有人把这条路形容成“千军万马过独木桥”，还有人把高考看成是一场青春的洗礼，比作人生的第一道关口。

而如何跨越人生的这第一道关口，我的主张是：考前一定把高考当回事，考时千万不能把高考太当回事。

一、高考像平时，保持平日生活的常态和惯性

我们已经经历了大大小小无数次考试，高考就是这无数次考试中的一次。你平时考试怎么安排生活，怎么安排休息，高考期间就应当怎么安排，不要打破原有的生活惯性，要保持原有的生活常态。

1．生活习惯不要变

平时你几点起床，还要几点起床，几点睡觉，还要几点睡觉，保持原来的生物钟。这样你不会感到身心不适应，不会出现因作息时间变化而引起的异常反应。平时你怎么活动，怎么调节，怎么复习，仍然维持原状。平时喜欢吃什么，高考期间就吃什么，不要吃什么大鱼大肉，搞什么营养配餐，弄得肠胃不适，营养过剩。平时喜欢怎么休闲，就怎么休闲，既不能过于休闲，睡眠时间过长或运动太剧烈，也不能睡眠时间过短，或一点都不运动。如果你有晨练的习惯，高考期间要坚持晨练。前几年高考期间有些班级早上照常跑操，道理就在于此。如果你是住校生，高考期间最好仍然住校，吃住同大家在一起，因为一下子中断了原来生活的习惯会马上出现一些不适应的状况。

2. 心理状态不要变

高考总是与压力感、严肃感、紧迫感联系在一起的，不紧张是不现实的。要想办法减缓乃至克服自己的紧张心理，力求做到以一颗平常心应对高考。你应该这样想，我非常努力地度过了高中三年的每一天，就应当淡定地迎接高考的这几天，因为既然每个点都是好的，连起来的线也一定是好的，作为高考的线的终端也必定是好的。高考真的已经不再可怕，高三的岁月已将我们磨砺成了一位身经百战、日趋成熟的战士，区区的几天考试没什么了不起。这样一想，你就可以带着一份自信与微笑，带着对梦想的执着与期待，以一名真正的勇士的姿态迈上高考的战场，凭借好的心态，去夺取一场又一场的胜利。

3. 排除一切影响与干扰

要关注身体适应。高考期间别吃得过饱，不要吃容易引起肠胃疾病的东西，要预防感冒。女同学要注意一下自己的生理周期，如果月经时间恰巧在高考期间，可以在医生的指导下，提前做好调节。

要排除家庭的干扰。高考期间家里的事情先放一放，不要让家庭问题影响自己的情绪。不能让父母过于关心自己的考试，要提前和父母做好沟通，一般不要让父母陪考。我校去年高考时，一位同学的父母特地从外地赶到学校陪考，这位同学劝辞父母说："你们特意跑那么远来了，就为了每天在烈日下晒上几个小时吗？你们担心我，我反倒还担心你们，所以你们来了，不但帮不上我什么忙，反倒给我增添了负担，快回去吧！"这位同学的父母一时不理解，找到了我，我告诉他们："孩子做得对，你们还是听孩子的，赶紧回去吧。"我们的家长望子成龙、望女成凤心切，心情可以理解，但他们往往不懂考试规律，很容易好心帮倒忙。

二、妥善解决考试期间遇到的问题

1. 克服信心不足的问题

高考如同登山，山顶就是既定的高考目标，我们只要尽自己的全力，踏踏实实地一步一步攀登，就没有登不上去的山峰。不要在乎你已经达到了什么高度，心平气和地看待它，也许不经意间你已经达到了峰顶。

要学会为自己加油，为自己找成功的理由。即便是有的同学基础差，成绩不会很理想，也不要灰心。在青春时代，我们参与了一场人生的挑战，不退缩，不放弃，这本身就是一次青春勇气的证明和青春力量的见证。放手一搏，成败不必在意。

要学会自我暗示，每当心理波动时，要及时给自己一些暗示，"我能行！""我能成功！""坚持，坚持，镇定，镇定！"在这样的暗示下，一次次闯关，一路闯下去，会有意想不到的结果。

2. 克服遇到难题时产生的心理障碍

高考时，没有谁不会遇到难题。关键是遇到难题不要慌张，不要焦急。曾经有位同学这样介绍对待难题的办法：卷子发下后，他的心跳开始加快，尤其是当发现语文的第三道小题一开始就拿不准的时候，他想到了语文老师常说的那句话："遇到拿不准的题目是难免的，关键是看到它后的心态，如果一下子就慌了，那么接下来的一切就都废了。"于是他开始努力地让自己镇静，仔细思考排除，终于通过了这道心理障碍。他这才明白，最具杀伤力的武器就是自己由内到外的恐惧。同时，他坚持"考完后不对题"的原则，从而能够始终以一种平和的心态面对所有科目的考试。遇到难题时，还可以暂时放一放，先做容易的题目，等容易的题目做完了，再回过头来攻克难题。

3. 克服一场考试下来因失利带来的沮丧

高考不太可能科科顺利，有时第一科就不顺利。不顺利时，马上调整自己，不要被一科考试所打倒，要咬紧牙关挺过去。前一场考试，无论考得多么糟糕，也要把它抛在脑后，为考好下一场做好精神上、心理上的准备。

有位学习很好的同学，2011 年参加高考时第一天语文考试就没有发挥好，考完之后情绪一落千丈，失去了继续考下去的信心。午饭时间，班主任和他谈了话，告诉他"狭路相逢勇者胜"的道理，鼓励他即使明知不敌，也要敢于出击，只要全力拼杀，必定会取得最后的胜利。于是他振作精神，满怀信心地完成了后面科目的考试，丝毫没有受到语文失利的影响，最终在语文成绩相对不好的情况下考入了北京大学。

在高考时，我们应当时刻提醒自己要挺住，要像《亮剑》中男主人公李云龙说的那样：“死，也要死在冲锋的路上!”以这种敢于打硬仗的精神，以这种敢于“亮剑”的气魄，战胜一科又一科中的困难，赢得一场又一场考试。请相信：勇气有多大，胜利就有多大。

4．克服失眠问题

高考期间压力太大的同学可能会失眠。首先要明白，你这种失眠不是真正意义上的失眠症，只是暂时因为情绪过于紧张而不能及时入睡而已。所以，不需要治疗，更不能随便吃药。以前有过这样的教训，有的同学高考期间睡不着，吃了安眠药，结果第二天考试昏昏沉沉，大脑极不清醒，严重影响了考试。

睡不着不要看书，不要做题，不要闲谈，可以到操场上去跑步，跑至出汗为宜，回到宿舍，简单洗一下，马上上床休息。

睡不着不要想考试的事，不要想任何学习的事，让自己的大脑活动彻底停下来，也不能想苦恼的事或快乐的事，更不能焦躁、苦恼。生命科学研究表明，人一天两天不睡觉，根本影响不了正常思维，即便是失眠，也不会对你第二天的考试造成多大影响。

解放战争期间，毛泽东、朱德、周恩来等老一辈无产阶级革命家，在指挥辽沈、淮海、平津三大战役时，几天几夜不睡觉、不休息，一点也没影响到对战役的正确指挥。

同学们，我们已经为高考做好了充分的准备，“养兵千日，用兵一时”，到了你们进入战场、奋力一搏的时候了，相信每一位同学都能考出好成绩，顺利闯过人生第一道关口。

真诚地祝福你们：高考顺利，梦想成真!

图书在版编目(CIP)数据

爱的烛光：与中学生的谈话／马金建著．—济南：济南出版社，2014.6

ISBN 978－7－5488－1184－8

Ⅰ．①爱… Ⅱ．①马… Ⅲ．①品德教育－中国－青少年读物 Ⅳ．①D432.62

中国版本图书馆 CIP 数据核字(2014)第 133463 号

责任编辑　朱向泓　朱绮
封面设计　焦萍萍

出版发行　济南出版社
地　　址　济南市二环南路 1 号
邮　　编　250002
发行热线　0531－86131727　86131730
经　　销　新华书店
印　　刷　山东华立印务有限公司
版　　次　2014 年 6 月第 1 版
印　　次　2017 年 4 月第 3 次印刷
开　　本　787×1092 毫米　1/16 开
印　　张　25.5
字　　数　283 千字
印　　数　1－6000
书　　号　ISBN 978－7－5488－1184－8
定　　价　47.00 元

如有质量问题，请与印刷厂调换。　(0634－6216033)